财富人生
是规划出来的

黄融　朱孝安　编著

中国金融出版社

责任编辑：王慧荣
责任校对：潘　洁
责任印制：陈晓川

图书在版编目（CIP）数据

财富人生是规划出来的 / 黄融，朱孝安编著. —北京：中国金融出版社，2023. 2

ISBN 978 – 7 – 5220 – 1856 – 0

Ⅰ. ①财…　Ⅱ. ①黄…　②朱…　Ⅲ. ①财务管理 — 通俗读物　Ⅳ. ①TS976. 15–49

中国国家版本馆CIP数据核字（2022）第 243869 号

财富人生是规划出来的
CAIFU RENSHENG SHI GUIHUA CHULAI DE

出版
发行　中国金融出版社

社址　北京市丰台区益泽路2号
市场开发部　（010）66024766，63805472，63439533（传真）
网 上 书 店　www.cfph.cn
　　　　　　（010）66024766，63372837（传真）
读者服务部　（010）66070833，62568380
邮编　100071
经销　新华书店
印刷　河北松源印刷有限公司
尺寸　155毫米 × 230毫米
印张　11.75
字数　124千
版次　2023年2月第1版
印次　2023年2月第1次印刷
定价　45.00元
ISBN 978 – 7 – 5220 – 1856 – 0

财富人生是规划出来的

——送给一腔孤勇但有时茫然的你

因为工作，经常接触两类人。一类是毕业了好几年，在某个领域干了一段时间后，发现遇到了瓶颈，也不知道如何突破，想重新开始但又无从下手；还有一类是一些小企业主，也算创业者，因为不想打工所以用自己的积蓄投资开了民宿、餐厅、游乐场、奶茶店等，经营两年之后，发现入不敷出，不得已关门歇业。我曾经也算以上两个群体的人，30岁从高校辞职，经历过创业和打工，慢慢找到方向持续深耕，走上适合自己的路。在这一过程中，体会到规划的重要性，所有的成功都不可能是一蹴而就的，认知、积累、资源、实践，缺一不可。作为曾经的一名教师，特别想把这些年看到的、想到的、实践过的，总结出来分享给大家，让大家找到适合自己的方向，从而把握好财富，这是写这本书的初心。

工作，对于很多人来讲，其首要目的是挣钱，我在高校的时候不太需要考虑盈利、赚钱，但这些事对于很多人来说是头等大事，离开物质基础的情怀是不可持续的。如果能明白靠什么挣钱，怎么合理消费、分配、守钱，并实现它，就不需要那么焦虑，也不需要被动地替谁打工了。

自从辞职创业，我也被卷入谋生的大潮。

起初的我跟很多人一样，对于怎样去找自己的定位、如何追求财富以及怎么做好财务规划都是有困扰的。例如很多年轻人对于自己有什么优势和资源，未来职业往哪个方向发展是迷茫的；有些小企业主，在没有经过调研和算账后，投资上百万元开了一家亲子餐厅，结果入不敷出，不得已又关门；还有很多中产家庭，因为前些年经济形势好，消费水平上去了，跟风投资买房，疫情下就出现资产看似不少但是没钱花的窘境，实际上是缺乏家庭财务规划概念。这些说难不难，看似简单的问题，有很多人不知道如何去解决。

实现财富自由，过财富人生，是很多人的目标。而在实现财富人生的过程中，能够创造价值和意义，是值得追求的。

如果简单地说，智商是人认识世界和自然的能力，情商是人处理情绪和与人沟通的能力，那么财商是人赚钱、理钱，运用和积累财富的能力。虽然财商与钱相关，但是也涵盖如何了解自己、如何利用资源、如何与人打交道等。

在固有观念中，财商在学校教育中是避而不谈的，赚钱好像是自私自利的事情。但人进入社会就会发现，赚钱养家是件正经事，这是社会责任的一部分，从某种程度上讲，是比理想更现实的事情。遗憾的是，一方面学校教得不多，另一方面日常生活中公开谈及的场合又少，很多人对于这件如此重要的事情多少有些迷茫。《富爸爸穷爸爸》[1]这本书，很多人都读过，书中穷爸爸戏剧性地是一位受过高等教育的父亲，而富爸爸是一位看似没有受过高等教育但是颇具财商的。这并不是说受教育不重要，相反，持续学习是现代社会必备的技能之一，学校里学得少的，在步入社会以后就要补充学习。在现代社会，能掌控和把握好金钱，基本也能掌控好人生。

很多人工作的最终目标是财富自由，财富自由这个名词人们耳熟能详。到底什么是财富自由？为什么要实现财富自由？月薪1万元的人到底有没有机会实现财富自由？这些问题好像还没有人给出系统和清晰的答案。

什么是财富？伊尔泽·艾伯茨的《富过三代》[2]里提到真正的家族财富包括：每个家族成员的才能、个性和天赋，家族故事，家族成员的心智资本和接受教育的机会，家族成员的情商，家族成员的健康与活力，社交网络与社会交往，家族的物质财富。财富不单指钱，财富自由也不是简单钱足够用的概念，光有了钱，而没有其他，那这个钱是很有可能花光的，第二代花不光，可能就在第三代。如果说财富自由可以规划的话，应该不是简单围绕钱规划，而是应该分析个人的优势劣势、资源禀赋，什么样的起点和阶段应该做什么样的路径和规划，有了一定收入之后做什么样的安排和投资，一步步地实现

① 罗伯特·清崎.富爸爸穷爸爸[M].成都：四川人民出版社，2019.

② 伊尔泽·艾伯茨.富过三代[M].北京：清华大学出版社，2019.

财富人生，这样获得的财富才是可持续的，可以代际传承的。

恰巧，在探索的过程中，我有幸遇到本书的另一作者朱孝安老师，他已经是一名成功的企业家、多家公司的董事长，是一名财富自由实践者，从十几年前就开始了财商教育之路。本书的框架和思路是由他提出来的，他认为我们除了要了解一些财商知识，更重要的是要通过结合自身实际作出规划，我结合他多年来的工作经验和学员反馈，用“钱”作为主线，总结出了一套财富人生的路径和方法，希望能够帮助读者朋友们建立科学正确的财富观，从而在金钱世界中不盲从、不焦虑，更好地做自己。

在写作的过程中，要感恩我的家人支持，家庭是事业的后盾。感谢廖宏欢女士，她给了我很多具体的写作启示。感恩各位曾经和现在的领导、老师、同事以及客户朋友们的帮助和支持。做一名长期主义者，为大家提供和创造价值是我的座右铭，创业，一直在路上！

黄融

2022年6月1日

目录 CONTENTS

Part 1

什么是财富和财富自由

什么是财富？只是有钱吗？

世人慌慌张张，只为碎银几两。偏这碎银几两，能解世间惆怅。

在中国的传统观念中，人们对钱是有些不友好的，甚至还有“钱是万恶之源”的说法。家庭、学校都认为让孩子越晚接触钱越好，以至于我们从小接触到钱和商业的机会比较少。

这种想法对吗？

成年人都知道金钱的重要性，虽然它不是万能的，但没有它是万万不能的。我们终其一生，要做对社会有贡献和有意义的事情，如果没有钱，就要为生活所迫，衣食住行很拮据，便没法专注于自己热爱的事业。从马斯洛的需求理论来看，人要先满足基本的生存需求，才有可能去追求“自我实现”。

财富到底是什么呢？只是有钱吗？财富一般包括物质财富和精神财富。财富也是一种值得传递和传承的能量。从家族传承的层面上讲，财富是个广义的概念，它不单指钱。如果光有了钱，而没有其他能够持续创造钱或守住这些钱的能力，那这些钱很有可能会花光，这也是“富不过三代”的由来。

一名企业家曾经说过，追求理想，顺便赚钱。当你翻开这本书，希望你暂且忘掉金钱本身，我们并不能让你迅速有钱（谁也不太可能马上做到），但我们能启发你思考，找到有钱的方法论，发现自己的优势和资源，关注赚钱、分配、守钱的方法和策略，让你能够在未来享有真正的财富。

福特汽车公司创始人亨利·福特有一次被问到，如果他失去了全部巨额财富的话，将做些什么事情。他没有犹豫地回答："我会想出另一种人类的基本需求，并迎合这种需求，提供比别人更便宜和更有质量的服务。我完全有把握、有信心在五年之内重新成为一个千万富翁。"

因此，本书所指的财富，是能够获得持续财富的能力、方法和策略。

获得财富本身和追求财富的过程，哪个更快乐？

我身边最有钱的朋友早已是一线城市的财富自由者，他曾经对我说："有钱了以后，快乐肯定变少了。"我当时噗嗤笑出声来，好像为芸芸大众找到了一丝丝安慰。就像大众调侃说的，有钱人的烦恼很多，但没钱的人，烦恼只有一个，就是没钱。这是有一定道理的，有钱的人，在光鲜的背后一定承担着更多的责任和压力，如可能拥有上千名员工的企业家，一不小心，企业也有随时倒闭的可能。很多上市企业，没有同比增长，就意味着衰退，直接表现在股价上，这种压力可能不是一般人能够承受的。

达利欧在《原则》[1]里也写到，他年轻时非常仰慕极其成功的人，觉得他们非凡而成功，直到他认识了他们以后，发现他们像所有人一样也会犯错误，更重要的是，他们并不比其他人更快乐，相反，挣扎和痛苦更多了。达利欧自己也是，虽然几十年前他就已经实现了曾经难以企及的梦想，但是直到今天，他七十多岁了，依然还在苦拼。如果一个人很早地实现了自己的目标，如童星或很早达到巅峰的职业运动员等，假如没有对另一个更有意义的目标产生热情的话，他通常难以持续。

因此，成功的满足感并不来自实现目标，而是来自努力奋斗。创造财富和财富规划的过程比财富本身更有意义，也更精彩。精彩和意义，才是人最终追求的。

如果要实现财富人生，到底有没有系统科学的路径可循呢？这也是本书要解答的问题。总体来说，我们认为，财富人生不可能一蹴而就，暴发户似的财富增长也不可能持续，真正的财富人生需要分析自身的优势与劣势、资源禀赋，处于什么样的起点和阶段，应该做什么样的储备和规划，有了收入之后做什么样的安排和投资，一步步地实现，这样获得的财富才是可持续的、可以代际传承的。

① 瑞·达利欧.原则[M].北京：中信出版社，2018.

什么是财富自由？

财富自由被很多人挂在嘴边，好像成了现代人的“标准”目标。它需要1000万元还是3000万元？是资产还是现金？是看每月的收入，还是看银行的存款？在此，看看下面几个案例。

案例一：生活舒适即财富自由吗？

小A生活在一线城市，小C生活在名不见经传的四五线城市。

小A每月收入3万元，小C每月收入5000元。

小A每月房屋贷款1.2万元，车贷5000元；由于工作忙，一日三餐几乎都要在外解决，每月餐费3500元；大城市“精神食粮”充足，下班后和朋友去逛街、吃饭、看电影，偶尔去去酒吧、唱唱歌，购置一些高档消费品，平均每月5000元；独居养了一只狗，狗粮、狗具、看病平均每月500元；赶上有人结婚、生娃、生日等，每月支出约1000元；工作压力大，心情不好了，周末来个短途小旅行，年假来个出国或境内自由行，算下来每月也得平摊1500元……忙忙碌碌一个月，不仅没攒下钱，有时不小心花多了，还要靠信用卡透支。

小C住在家乡的城市，10年前家里购置了一套本地房产，无须支付房贷房租；车贷？不存在的，走路就上班了，不过他也在考虑贷款买一辆车，不用太好，月供2000元应该没问题；地方小，娱乐活动少，除了下班后和朋友们吃吃烤串，似乎也没什么更好的娱乐，KTV早就去够了，吃吃喝喝姑且每月大致花费1000元；结婚生子等随份子的事儿倒是在所难免，每月也要花费约500元；旅行是常有的事儿，不过大多是和朋友们开车去附近的城市，平均每月800元……这么算的话，好像挣多少花多少，有时候可能也需要靠信用卡透支。

两相对比我们不难看出，小A和小C，一个是挣得多、花得多，另一个是挣得少、花得少，但是生活、娱乐、人情世故，样样不落，生活也算过得自在。但两个人有谁达到财富自由了吗？显然没有，他们只能算“工资支配自由”。

或许你会说，小A不是有房产吗？大城市的房产值钱啊！但我们也要看到，在小A还完房贷出售房产之前，这个“巨大”的固定资产除了充当每月“吸血”的炫耀资本，完全不能提升小A的生活品质，不仅没有让小A财富自由，反而把他往“月光族”的方向上推了一把。小C就更不必说了，小城市虽然可供娱乐的项目相对少，但不影响他滋润地活着，可要想攒下钱，也着实困难。

可见，生活舒适绝不等于财富自由。

案例二：一夜暴富能让我们财富自由吗？

“拆迁”“腾退”，随着社会的发展和建设，一些城市中心地带出现了一批“踩中了时代节拍的富豪”，他们凭借地理位置优越的老房，不费吹灰之力就得到了一大笔财富。我们常能看到“××地区拆迁补偿好几百万”或者“××地方拆迁不仅给钱还分房”的消息。一时间，“拆迁户”也成了有钱人的代名词。

但这种资产过剩的超快速财富，能实现财富自由吗?

享受拆迁福利的人，需要付出的是自己的老房子，按目前的情况能换到最多三套房子，由于人口因素往往需要父母一套、子女一套，才能满足自住，最多可以将一套出租，那么一套房产租金带来的月入几千元，与财富自由也是相差甚远。

当然，我们可以出售房产，将固定资产转为现金，看似还是蛮多的。一夜暴富的魔力就如同博彩中彩一样，还没有出博彩场周边就有奢侈品店相伴，它们抓住人们暴富的心理，等待着那种“报复性”的消费。房产一旦变为现金，很多人会选择先奢侈一把，豪车名表，先享受享受，然后再慢慢盘算。试问，这种享受真能“刹得住车”吗？有多少人能够在享受之后及时收手呢？由俭入奢易，由奢入俭难，前人早就给了我们答案。

从以上例子能够看出：随挣随花没法积累财富，一夜暴富又难保长久富贵。

财富自由的各级门槛真的有用吗?

2021年3月31日，胡润研究院发布《2021胡润财富自由门槛》，报告将财富自由分为入门级、中级、高级和国际级四个阶段，并细分到中国一二三线三类城市。“胡润财富自由门槛”主要考虑常住房、金融投资和家庭税后年收入。

中国一线城市入门级财富自由门槛1900万元，二线城市1200万元，三线城市600万元。一线城市中级财富自由门槛6500万元，二线城市4100万元，三线城市1500万元。一线城市高级财富自由门槛1.9亿元，二线城市1.2亿元，三线城市6900万元。国际级财富自由门槛3.5亿元人民币，相当于5000万美元。[①]

对比这惊掉人下巴的数据，财富自由这个命题对一般人来说真是难于登天。不过，以上数据，一方面是阐述财富等级，但更多的是为了掀起社会大众议论，发布机构借此提高知名度。财富自由本身就是因人而异的，同样在一座城市，有人出入高档场所，定制品牌衣服；也有人每天在家做饭，出门乘公共交通，他们的自由门槛是不同的，财富自由与被动收入、必要开支、消费欲望和习惯密切相关，脱离具体消费等级下的财富自由定义，多半都是炒作。

在财商领域有个比较普遍认可的观点——当你的被动收入现金流能够覆盖你的日常习惯性开支的时候，叫做财富自由。财富自由不是一个财富绝对值，而是一种现金流状态。

1000万元也好，5000万元也罢，只是一个预估数字，而这种不会枯竭的现金流状态，才是财富自由真正的样子。

---

① 《2021胡润财富自由门槛》，www.hurun.net/zh-CN/info/Detail?num=COYHXH5D4FMJ。

你到底需要多少钱才算财富自由？

这时你可能会问，难道就没有一个数值能确切地说清楚到底要多少钱才够吗？有了具体数值，才有奋斗目标啊。如果非要说一个数值，这里可以引用“4%法则”测算——当你的可投资资产超过家庭年支出的25倍时，基本上可以算财富自由了。

“4%法则”是麻省理工学院的学者威廉·班根（William Bengen）在1994年提出的。我们通过投资一组资产，可以是金融资产或者其他资产（不能是你自己需要住的房子），每年从这笔资产中提取不超过4%的金额用来支付生活所需，那直到自己去世，这笔钱都是花不完的。

为什么花不完？

我们认为通过科学合理的资产打理方式，资产自己本身会增值的幅度每年大约能超过4%。相当于其资产利息能够超过生活所需，也就实现了财富自由。

假设一个家庭一年的开支为20万元，即20万元能够保证一个普通家庭过上相对有品质的生活。那么需要20万元/4%=500万元的可投资资产或资金，就可以基本实现财富自由，只要收益率在4%以上，就能用利息（被动收入）基本覆盖家庭的支出。

理论的数值和现实的变化

看似一个简单的数字就能解决问题，但这里要注意两点：一是随着中国进入低利率时代，持续稳健的4%以上收益也不是轻而易得的，没有理财知识和思维，不仅无法保证4%的收益，甚至可能会损失本金，目前市面上保本的理财产品在逐步减少甚至消失；二是每年的通胀率若按4%计算，过不了几年，会发现原先的20万元不能保持原来的生活水准。

在现实情况中还有几个问题要考虑。第一，这500万元从何而来？第二，有500万元可投资资产的家庭生活支出一般不会停留在原先20万元的水平，因为不同收入水平的家庭的生活品质是不一样的。过去可能出去旅游一趟是件奢侈的事，几年可能才会出去一次，可现在对于很多家庭而言，每年暑期都想着去哪儿避暑，到了寒假，又准备带着孩子去海南过冬，人们对于生活品质的要求提高了。

到底应该怎么样处理初始资金和生活水平提高这些问题呢？我们真的懂得储蓄和消费吗？财富自由不是一定拥有多少钱，更多的是需要全方位地理解赚钱、存钱、分配、消费、投资，具备进行筹划和管理财富的能力。

为什么那么多人追求财富自由？

年薪和时薪，你追求哪一个？

前面我们已经说了，当你的被动收入现金流能够覆盖日常所有开支的时候，就可以称得上财富自由。其实也可以换个角度理解，当你无须为生活开销而被迫地为钱工作的时候，你就已经达到了财富自由。说得再直白点儿，也就是你再也不用为满足生活必需而出售自己的时间了。

从这个定义来看，打工实际上是把自己的时间和精力出售给雇佣公司换取财富。我们每个人奋斗的目标之一，是让自己出售的时间单价更高。时间单价越高，你的自由度就越高。我们在追求薪酬的时候，不光要看年薪，也要算一算时薪。年薪能看出总量程度，时薪能看出价值程度。

在海边晒太阳的渔夫和富翁，真的一样吗？

很多人听过渔夫和富翁的一段对话，大意是渔夫笑话富翁有钱有啥用，因为他已经跟富翁一样，能够每天逍遥地躺在沙滩上。有时候我们也会用这个故事调侃奋力赚钱的意义何在？结果不都一样吗？都在沙滩上晒太阳。但这里想提醒大家的是，我们千万不能被这样的故事假象所迷惑。

渔夫同富翁真是一样的吗？渔夫每天都需要养家糊口，每隔一段日子就要出海捕鱼，如果哪次鱼捕少了，他的收入就减少，家里生计以及子女教育可能受到影响。他的钱除了养家，还得积攒起来，以便对船只进行维修和更新。解决了眼前的温饱问题后，人还需要考虑未来。渔夫的未来怎么办？老了出不了海了呢？养老如何解决？

渔夫的清闲只是一种假象，暗藏危机。反观富翁呢，因为获得了财富，他拥有足够多的自由。他既可以下海捕鱼，也可以躺在沙滩上晒太阳。捕鱼只是一种兴趣爱好，陶冶情操，他不需要顾虑台风和大雨，也不怕衰老，他可以随时追求自己热爱的事业，可以一边捕鱼一边看到现金流进账，可以去资助渔夫的儿子，告诉他们外面的世界是什么样的。他拥有的自由，才是真正的自由。渔夫和富翁的故事是现代人压力过大时的一种调侃，但你绝不能把它当作一个可以“躺平”的理由。

所以说，在现代经济社会环境下，没有财富的自由，是一种假象自由。我们要追求一定的财富，是要有时间去做自己喜欢和有意义的事情，去追求梦想和实现人生价值，从而达到内心的丰盈。

我们追求财富自由的意义应该是什么？

很多人会对追求财富自由的人嗤之以鼻，认为他们好像钻到

“钱眼”里了。其实不然，追求财富自由不一定是为钱所困，而是希望通过自己的努力，让钱更好地为生命服务。

1. 实现了财富自由，可以给自己和家人更好的生活，能够自主决定生活方式，做自己喜欢和热爱的事业，相应也能为国家和社会创造更多价值。

2. 实现了财富自由，才会更加宁静和从容，也会更加看透一些人和事，变得更加包容和豁达。

3. 实现了财富自由，才能有更多的人生体验。“996”可能符合企业发展的需要，但并不符合人类的本心。相信绝大部分人都不愿意“用青春换生活”，一直低头赶路，无法仰望星空。如果可以，应该是从更多元的角度去体验人生。

记得央视曾经有一档节目，采访几位成功的企业家。其中一位说：“在公司规模还只有几十人的时候，我最害怕的就是要发工资的那两天。临近发工资的日子，我总在想：账上的钱还够不够？亏空的地方该怎么办？每当此时，我就夜不能寐。”

由此可见，在经济社会环境下的安宁，是拥有对于金钱的把控力。当我们建立起一套适合自己的思维逻辑系统，能够将金钱、智慧、经验、人脉等因素综合运用时，就能感受到财富带给我们的充盈感。

工薪阶层真有实现财富自由的可能吗?

唯有预见，方能遇见，这才是动力

社会上绝大部分就业者都是工薪阶层，他们可能会觉得财富自由很遥远。当我们建议100个工薪阶层考虑理财、懂理财的时候，90个左右的人回答是，“我没财可理，还学什么理财”。

如果你也凑巧在其中，那么我想说：“恭喜你，现在是你学习财务规划和理财的最佳时机。”在我们每个人的生活工作经历中，经常会碰到做某件事缺这资源、少那人脉的情况。我曾经在政府机构和高校院系工作过，后来又到微软和国内上市公司工作，无论在哪个环境下，都会面临资源、预算不足的情况。我在某部委工作的时候，很多政策不光是自己部门的事，还需要其他部门的大力支持；在微软人工智能语音机器人“小冰”团队的时候，尽管“小冰”起点很高，但也面临应用场景不够、知名度和影响力不足等窘境，需要不断联系媒体，与其他互联网产品共同扩大影响力。

因此，“有困难”是我们做事的一种常态，要怀着平常心去看待身边的现象，分析背后的原因，另外也要坦然接受现在自己的状态，不必自怨自艾，关键是要有意识地向着对的方向前行。《富过三代》中有句话："缺失才是动力"，让我醍醐灌顶、恍然大悟！没财可理便是你开始理财的最佳起点！

很多成功的企业家在艰苦卓绝的环境中，塑造了良好的文化和愿景，最终脱颖而出。缺失是动力之源，正因为你暂时没有财可理或者不知道怎么理，你才会打开这本书，才有真正学习财务规划和理财的环境需求和动力，剩下的，就是要坚持和践行。

学校教育和社会教育最大的思维差异是什么？

在学校教育体系中，没有一门课是专门讲怎么处理与金钱的关系的，因为这容易被误解为急功近利、贪图金钱。一旦进入社会就会发现，成年人的生活好像没那么容易，需要面对很多现实的压力，经常要跟钱打交道。尤其是支付环境现在更加多元了，你会觉得每天都在支付、支付！钱实在太重要了，会影响生活、教育、医疗的方方面面。这时候我们明白原来学校教给我们的还有些不够，或者略有些脱节。

学生阶段，一般都有人给你一个方向，如某门成绩，某个竞赛，班级前几名，你朝着这个方向全力以赴即可，指向非常明确。但进入社会后，没人有义务给你指路，你空有一些小本领都不知道用在哪里，只能先慢慢来，但生活可不会等你，会逼迫着你早出晚归地工作。如果几年下来，你在职场上进步有限，这时候，彷徨和焦虑就会袭来。进入社会以后，知道自己在哪里，去哪里，怎么去，变得至关重要，甚至变得比单纯地埋头苦干要重要得多，在这个过程中你需要不断地学习和思考！如果你不想被淘汰，建议尽早做一名终身主动学习者，把学习当成一个习惯，就同吃饭睡觉一样。人永远赚不到认知以外的钱，如果你不学习和读书，那么你的认知只能由你身边经常接触的人决定。因此，在职场早期，建议应该去不断主动突破，去主动接近思维层级更高的人，去看更多的书，提高自己的认知。

挣得多和多存钱就能财富自由了吗？

在讲如何实现财富自由的时候，我们先来看几个误区。

误区一：挣得多就能实现财富自由

上班族小S，从普通白领升职到高管后，月收入已经达到了8万元，妥妥的接近百万元年薪的金领阶层。但她还是叫苦不迭，为什么呢？感觉钱还是不够花。

随着收入的增加，消费水平也水涨船高，原本一两百元的化妆品早就升级成三四千元的高档货；两三百元的T恤也早就满足不了需求，每天出门需要穿几千元以上的高级套装；以前和朋友聚会，海底捞几个人就吃得挺高兴，现在不去人均500元以上的日料店好像就成了“消费降级”；以前过生日，男朋友送束花，吃个“必胜客”就很开心了，现在呢起码2万元以上的消费级别才觉得有仪式感。加上每月要扣除较多的税，整体算下来，挣得是不少，可净资产也没剩下多少……

这就是工薪阶层的旋涡陷阱。就像《富爸爸穷爸爸》中说的那样，这个陷阱就像是把老鼠放在一个环形笼子里，不管再怎么努力地跑，还是在圈子内无法脱身。

误区二：多存钱就能实现财富自由

勤俭持家是许多“60后”“70后”一直秉承的过日子方式。的确，我们都在提倡不浪费，但许多不浪费、强制性存钱、踏踏实实过日子的人，却被骗入了P2P的陷阱。

这部分人，手头有钱，又不满足于银行利息缓慢的增长速度，于是轻易地相信了金融公司投资少、回报高的骗局，以为高枕无忧以后就踏踏实实地数钱了，其结果却是被骗去了多年的积蓄，苦不堪言。

或许你会说，被P2P骗了的只是一部分人，还有很多人忍住了没投，钱放在银行还吃着利息呢！钱在银行也是会贬值的，因为银行的利率跑不赢通胀，钱会不断缩水。况且，存在银行的钱，很多人不敢用，因为花一点总会少一点，有种不安全感。

看来，单纯地依靠收入高和攒钱，并不能帮我们普通人实现财富自由，那我们应该怎么做呢？

小E是我的一位师兄，某高校MBA毕业，40岁出头，刚从一家地产公司辞职，不用慌忙将就找工作，而是能够选择自己喜欢的领域和事再出发。为什么？因为他在之前的工作和投资中，已经有了一些积累，现在开支也不大，已经基本实现财富自由了。

小E是2005年大学毕业到北京工作的，通过一套房子交易赚到了人生第一个100万元，后来就持续将钱和精力投入一个个小项目。他把钱分为几部分，一部分用来做稳定的金融产品，挣得的利息保证每月孩子的开销；一部分用来投资做生意，他卖过湖北的鸡蛋、开过小店、与人合伙开过亲子运动场馆等，每个小项目都给他积累了经验，并且流水用来支付家庭的开销，到现在他有两三个项目已经形成稳定的年现金流；加上平常没有过度消费，一年十几万元可覆盖大部分开销。另一小部分，他拿出来和朋友、客户吃吃喝喝，做“活动经费”，这样既增进感情，又能在聚会中聊出新的合作商机。

由此可见，对于一般人来说，“学会挣钱+积累经验+攒钱”的同时“做好收入分配+做投资理财+抓住新机会+积累财富”，这多方面因素成就了一个人从普通生活走向财富自由。

应该如何规划财富人生?

在绝大部分人的金钱观念里，上学读书，学习专业知识，谋得一份好职业，然后贷款买房买车，过上幸福生活。

虽然这个逻辑没错，但仔细想想，为了一个能睡觉的并不太宽敞的屋子，两口子甚至要搭上双方父母的钱，掏空六个人的口袋，还上几十年房贷，一边考虑攒钱还房贷，一边抽出精力养孩子，很多在大城市工作的人都是这样的。更现实的是，等你的孩子长大了，还得按照老路再来一遍。我们扪心自问，这真的是幸福生活吗？这是生活本来的面目吗？

20世纪90年代，家家户户的经济情况差不太多，吃大锅饭，干差不多的工作。也就是说，中国大多数人其实是在最近这几十年开始富起来的。我们不妨学习一下那些早富起来国家的人们对钱的理解和安排。《富爸爸穷爸爸》的作者罗伯特·清崎说过："财富自由是个简单的计划。"有计划不一定成功，但是成功一定要有计划。

在做计划前，首先得有一个概念，就是什么是主动收入和被动收入。主动收入是需要通过你当下的时间、劳动、精力和知识获得的相应的报酬，一旦你不付出时间和精力，收入就会中止。被动收入就是通过前期努力，建立一个管道或者配置资产，使你在不工作时也依然能够获得一定的收入。

1801年，意大利中部的小山村住着柏波罗和布鲁诺两个年轻人，他们是最好的朋友。这天，村里决定雇用两个人把附近河里的水运到村广场的水缸里去。两个人都抓起水桶奔向河边。一天结束后，他们把整个镇上的水缸都装满了。村里的长辈按每桶一分钱的价钱付给他们。

布鲁诺大喊着："我简直无法相信我们的好福气。"但柏波罗不是非常确信。他的背又酸又痛，提着那重重的大桶的手也起了泡。

于是布鲁诺继续挑水，用挑水获得的收入盖起了房子；柏波罗则除了挑水维持基本的生计外，开始挖建可以通水的管道，几年后，管道建成了，挑水的布鲁诺失去了工作，而柏波罗不仅不再需要挑水，也能源源不断地获得收入。[①]

通过这个耳熟能详的故事，我们反思一下。你是不是只有到公司，把工作干了才有收入？你觉得自己像不像挑水人布鲁诺？更何况，随着年龄的增长，我们挑水的效率和能力非但不会增长，反而会下降。

挑水人布鲁诺错了吗？他没错，只是他没想到更智慧的赚钱办法，而是和绝大多数人一样，掉入了用时间换金钱的陷阱。有时候，不是我们错了，而是输给了时间。

干多少，拿多少，一小时的工作换一小时的报酬，一年的工作换一年的报酬……

可当你停下时，收入也停止了。挑水人的潜在危险在于，收入是暂时的而不是持续的，如果布鲁诺某天早上醒来发现自己背部扭伤，起不了床，那一天他可以赚多少钱？零！是啊，这是主动收入，你不主动，哪儿来的收入？

但管道建造者不一样，当你玩时，管道在赚钱，当你休息时，管道还在赚钱。没错，管道收入是一种持续性的收入——不管你是否继续付出时间，都继续有收入，这就是被动收入。

我们要通过学习，慢慢地将主动收入转化成被动收入。目前在互联网上有很多关于财商、投资相关的课程，帮助我们学习

---

① 贝克·哈吉斯.管道的故事[M].海口：南海出版公司，2009.

相关知识和理念，这些都非常好。但有很多人发现，听了很多培训，去证券公司开了户，最后发现还是炒不好股，被当成了“韭菜”。财富人生规划的奥秘到底在哪里？是会炒股吗？是理财知识吗？那些都是在我们实现财富人生的一个点，想要通盘解决迷茫，从迷茫中寻找出路，实现财富人生的目标，还是需要有一份能落地执行、适合你自己的财富人生规划。谁来做，只能是每个人自己来做，这个事谁也替代不了，就如同健身，你没办法寄希望于别人来锻炼自己的身体。没规划只能随波逐流，有规划才能步步为营，但是很多人对这样一个规划一头懵，理不出头绪来。

在本书，我们不会讲解股票的K线、市盈率等，没有枯燥深奥的数理计算和知识，而是教你如何围绕你的现实处境和基础，设计和制作属于你自己的、能够落地执行的财富人生规划，包括怎样开始提高自己的主动收入，如何尝试副业或者创业，小企业主如何提高收入，怎样进行风险规划和债务规划，有一定收入之后做怎样的分配，资金积累到一定程度后做哪些资产配置，围绕以上几个方面，引导你做一份翔实的规划。

Part 2

财富人生目标的设定

资产和负债

奢侈品多就是有钱人吗?

在我们日常生活中，尤其是有了朋友圈以后，你会见到很多“有钱人”。如某人开着豪车或者有很多名牌包，你看了会觉得，这是有钱人啊。在传统观念里，这没有错，因为毕竟他当下可能有购买这些奢侈品的能力。但他一定就是有钱人吗?

在财务上，他当下的消费能力可能已经领先你一步了，但是不用着急，人生最有意思的地方在于它是一场马拉松，暂时领先不代表永远领先。从长远来看，一个真正的富人不是现在挣了多少钱和花了多少钱，而是看持续能有多少钱。在现实生活中，也会有某个富甲一方的企业家，因为行业政策的变动或者多元化战略的经营失败，从原来的资产几亿元，变成了负债几亿元。

因此，学会财富规划比财富本身还重要。你永远不可能挣到认知范围以外的钱，如果意外挣到，也要“凭实力”亏出去。只有认知到位了，你才能真正得到相应的财富。

要致富，必须记住这一点——富人获得资产，而穷人和中产阶级获得负债，只不过他们以为那些负债就是资产。正是因为不清楚资产与负债之间的区别，好多人才在财务问题上苦苦挣扎。

乍一听，你可能会笑了，这么简单的概念，怎么会弄不清楚呢。其实大多数成年人没有掌握这个“到底什么是资产，什么是负债”这个简单的常识，是因为他们已经有了一定的教育背景和认知，已经被社会大众影响过，在激发消费的市场环境下，“买买买”成为了炫耀的资本。有些负债确实是光鲜的，如豪车、名表，能让别人投来艳羡的目光。我以前也是这样的，炫耀是人性的弱点之一。而积累资产是一个相对低调、抵制诱惑、约束自己的过程，没有鲜花和掌声，从表面上看其吸引力没有负债来得高。让成年人重新出发，去思考一个这么简单的问题，是需要定力的。《富爸爸穷爸爸》里就提到让成年人变得像孩子那样去学习太难了，有学识的成年人，认知根深蒂固，不愿意再轻易去改变，或者觉得去研究这么简单的概念太无趣了。

人们之所以会对资产和负债区别不清，原因之一就是同样的东西，有可能是资产，也有可能是负债。如一线城市的学区房，在一般情况下来说都会是资产，一是房价有上涨空间，二是有源源不断的房租收益，这也是中国人喜欢买房子的原因。但是房产的投入门槛和成本也是巨大的。如果遇到政策变动，会有可能遇到有价无市、大笔资金不可能短期变现的风险。还有一些三四线以下的城市房产或者旅游地产，在房产税试点、城镇化进程接近70%的背景下，很有可能升值乏力，存在租金低、难出手等境况，还要为其支付物业费、装修费等，反而变成了一个负债。我身边就不乏有朋友在旅游城市买了酒店式公寓，因为疫情，每年都有一大半时间是空档期无人租，现在若卖出，比之前买入价格还低。

首付买房背房贷，赚钱换房再背房贷的模式对吗？

以下是很多城市人的真实生活写照。

某A新婚，在一线城市买了一套房，父母帮忙付了首付，自己每月还贷款，总价400万元，每月要还贷款1.5万元。为了还贷款，某A拼命工作。

过了一年，一线城市房价稳步攀升，房屋总价变成了600万元。

某A春光满面，逢人就说："我的房子又涨价了，我比原来还有钱啦！"

过了几年，某A生了2个宝宝，决定把小房子换成大房子。

他怎么换？不需要细想就知道，把小房子卖了，还清贷款，剩下的钱全部拿去作大房子的首付款，然后继续贷款，变成了每月要还2万元。为了还贷款，某A继续拼命工作。

"我又买房了……"殊不知，这就是大多工薪阶层的死循环。他们以为房子涨价就是自己更有钱了，但生活还是过得越来越累，人生最好的几十年，被房贷套住，不敢跳槽、不敢尝试冒险创业、不敢……当然，改善性住房是我们日常生活的现实需求，无可厚非。过去的20年，中国GDP的飞速发展，大家觉得房贷再高，过几年都不是事。但当下，要注意房贷在未来收入中的占比，占比超过50%，就需要谨慎考虑了。

以上买房（换房）还贷的生活模式到底是好是坏，没有标准答案，取决于不同人的价值观。对于想平平淡淡过一生的人来讲，这样的方式很好，但对于想体验生活、创造精彩的人来讲，可能这样的方式就如同上了枷锁，太过于固化了。

资产和负债，不是一成不变的

除了房产，还例如汽车，从开出4S店的那一刻起，它就每天不断地贬值，而且还需要停车费、保险费、保养费，车开得越少，其单位公里的成本越高。因此车一般被认为是负债。如果这辆车是用来运营的，那它可能是一项资产。在北京，因为车牌限号，但又有很多在京单位确实需要自用车辆进行商务接送等，所以京牌的商务车在租赁市场变得抢手，若换算成收益率，比一般的资产和理财要高得多。这时候，车辆又变成一项珍贵的资产。

资产和负债，不是一成不变的。资产是会让钱流入口袋的东西，负债是会让钱从你的口袋流出的东西。每当我们配置较大件物品的时候，都要审视一下，自己是获得了一项资产还是获得了一项负债。越来越稀缺的东西，一般都是资产！

请记住，资产越多，你就会越来越富有。

现金流比现金还重要

月光的现金流需要按一下“暂停键”

之前我们讲了，财富自由实际是个现金流状态。那你的现金流是什么样的呢？是不是等着发工资，然后赶紧还上信用卡？实在不行，还要用这张信用卡套现还一下“借呗”“花呗”，如果是这种情况，那你就需要按下“暂停键”，想想自己是过度消费还是确实赚得太少。而如果你每年都有些结余，但是不知道如何安排和处理，那么恭喜，你已经进入新的层级。

第一种现金流模式是“月光族”的现金流模式，即收入全部为劳动收入，然后被花光，“月光族”没有什么资产，偶尔超支了可能还有点负债，碰到啥事，再得向朋友、亲戚再借点钱应急，这是典型的不可取的现金流模式。如果你刚

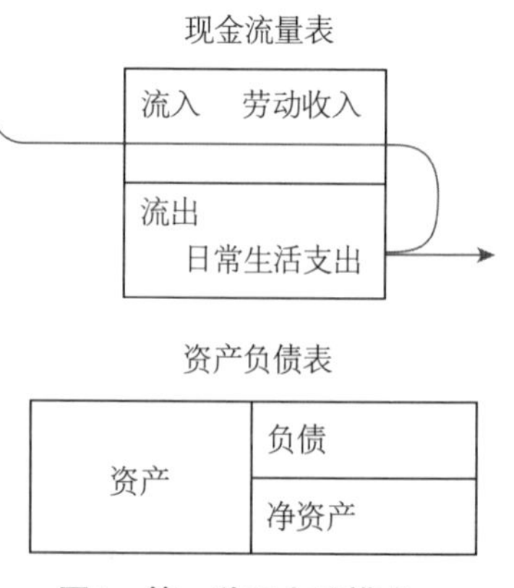

图1 第一种现金流模式

刚参加工作，处于这种情况那可以理解，毕竟一般赚得也不多；但如果工作两三年后，你还是这种状况，那就需要注意了！需要用合理的方式规划你的收入分配了。

有钱就买奢侈品对吗？

第二种现金流模式是收入大部分来自劳动收入，每年也有一些结余，但是不知道用这些结余去干点什么，或许会给自己添置新手机、购置新车等。这是目前中国大部分家庭的消费模式，这种情况没有说很差，毕竟人还是需要消费，生活水平得到了相应的提高。可能你的生活暂时看来不错，但是终究不会太殷实，要实现真正的财富自由有难度。未来社会行业的变化以及家庭情况的变化，使财务状况的不确定性依然很高。一般来讲，凡是面子上的东西，都是耗钱资产。这里不是说不建议购买奢侈品，而是要根据自己的实际情况，不能为了炫耀和面子去配置过多的耗钱资产。适当的时候为自己或家人买个“大牌”犒劳一下，或者为自己配置一套高定职业装，都是值得的。只是，我们不能因为“面子主义”，而习惯性地购买耗

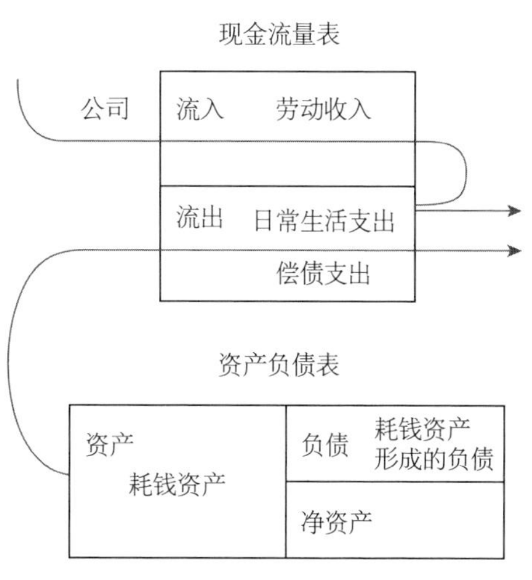

图2 第二种现金流模式

钱资产，有一句话是：当你放下面子赚钱的时候，说明你已经懂事了；当你用钱赚回面子的时候，说明你已经成功了；当你用面子可以赚钱的时候，说明你已经是人物了。如果钱没赚着，面子还看得挺重，你需要反思一下了。

有钱之后如何变得更有钱？

第三种现金流模式，就是富人的现金流模式。就是早期通过各种努力，想办法配置生钱资产，然后用生钱资产所得的收入覆盖日常生活支出。在这种情况下，你的时间和精力将大大释放，从而去钻研和学习自己真正热爱和感兴趣的东西，成功的可能性也大大提高，然后继续配置相应的生钱资产，不断积累。在这个过程中，你的生活水平也不断提高。虽然这实现起来有困难，但是通过科学的规划，还是有机会能达到的。

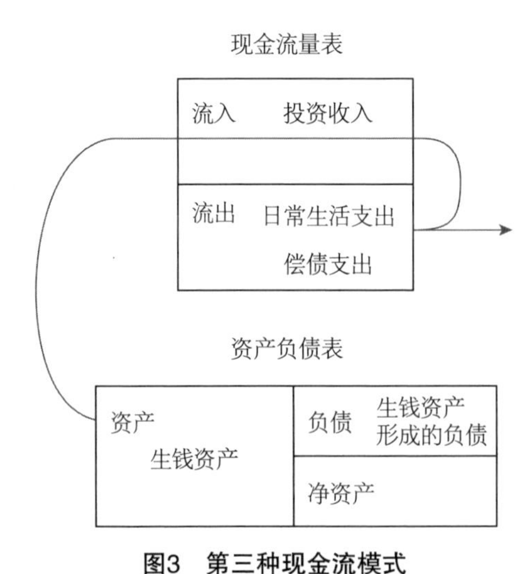

图3　第三种现金流模式

给自己五年的勇气

任何现在的结果都是五年前的选择决定的，不论你是具备某项专业技能的高学历人士；还是一名保安、餐厅服务员、快递小哥；或是刚刚大学毕业，是一名民营企业的普通工薪族；只要当下开始筹备，五年后，就有可能成为你想成为的人。

我们不提倡不用努力就获得财富，也不提倡获得财富之后的碌碌无为，而是通过一套行之有效的方法和自己的智慧，奖励自己曾经做过的所有努力，从而去做更有价值的事。

你到底想成为一个什么样的人？

你的人生目标清晰吗？

作家茨威格说："一个人最大的幸运，莫过于在他的人生中途，即年富力强时发现了自己生活的使命。"

桥水基金创始人达利欧在他的《原则》里，提到一个重要的人生五步法，其中第一步就是目标。

你有没有发现，学校教育还没有把人生目标放在突出的位置。例如要从小开始思考，你要成为什么样的人，你是谁，你要去哪儿，然后以终为始琢磨应该如何去实现。因此，本书会特意花很多篇幅探讨人生目标，包括如何建立自己的人生目标。

我们设定人生目标的时候，总会有模糊感，不知道自己究竟要的是什么，一边寻觅答案，一边又非常辛苦地工作。

如果之前你没有深度想过这个问题，没关系，请你先闭上眼睛，想象一下到五六十岁的时候，自己是一个什么样的人？是某个领域的专家学者、某个公司的骨干，或者是一名能够养活自己和家人的自由职业者，都可以。职业不分高低贵贱，只要做的工作对他人或社会有价值，又能养活自己，都是值得尊重的。

通常说，目标需要具备以下五项原则：

1. 明确具体；

2. 量化衡量；

3. 具有一定挑战；

4. 长短结合；

5. 有一定时限。

根据以上原则，你可以把原来的目标变为，“我希望自己在5年内，成为一家年营业额在5000万元以上，利润率为10%~20%的咨询公司负责人”“我希望在5年后，赚到人生第一个100万元”“我希望在5年内，买一套属于自己的房子”……

以上目标就比最开始的感觉清晰一些。在设定目标的时候，可以有远期的，但一定还要有近期的。如果你还想不清楚远期的，那你可以花半年时间想清楚远期目标。如果你正处于迷茫期，别灰心，也不用着急和自卑，世界上有很多人，步入社会时都不知道自己的人生使命，你如果能够用半年时间想清楚这个问题，那是走在很多人前面了。

待在家里能想清楚自己的人生目标吗?

当然这个问题的理解，不是你待在家里什么都不干就能想清楚的，你需要阅读、实践、小步尝试，去实地了解自己和社会，去思考未来大概会有哪些趋势和变化，去考虑有可能会遇到的困难，然后慢慢形成自己坚定的远期目标。

与时下流行的各种互联网产品一样，面对迅速变化的市场环境时，互联网产品设计研发者不能先关起门来“憋大招”，去追求自己想象中的完美。而是应当用MVP（最小可行产品）去验证市场可行性，在产品有了一定雏形、能够上线实现基本功能时就逐步策略式地推向市场，借助市场反应发现问题，以最快的速度、最小的成本去犯错，最后快速调整、迭代和加推，使产品适应市场需求。其实人与社会的结合也是一样的，一个对老年人的街头调查视频，那些年过半百的人对年轻人的建议，最多的就是，想到做某件事，一定要勇敢地去尝试、去做，没有什么大不了的。如果一味等待、什么都不做，不如以最小化的成本去尝试。

失败没关系，面子更是不重要!

如果你还是不知道该如何设定目标，一片茫然，那么在这里列出几个问题，希望你能找到一张白纸，认真地写下答案：

1. 你过去觉得最成功和最快乐的10件事是什么？它们与你的职业有什么关系？

2. 目前所有职业中，你觉得哪类职业的人是你最向往的？他们哪些方面吸引你？

3. 你觉得自己最擅长什么？自己有哪些天赋和能力？

4. 所处的时代和环境给你带来了什么机遇？

5. 你目前都与什么人来往？他们能带来什么？

6. 你目前的知识和技能，能否跟上时代的步伐？

希望你能静静思考，结合希望5年后自己的样子，加上确切量化的指标，给出上述问题的详细答案。

欲望和目标，你分得清吗?

目标初步形成之后，不妨多问自己几个问题。例如，这个目标是不是你在事业上最看重的，它是否会使你变得快乐，你是否愿意全身心地投入，哪怕遇到挫折和困难。你不能同刚开始阅读本书一样，干巴巴地说："我想5年后挣1000万元"，这不是目标，而是欲望。千万不能把人的欲望当作目标。

欲望一般是简单的、索取式的，甚至我觉得不假思索地想财富自由，都算一种欲望。欲望多了，不满足就会痛苦，满足了还会无聊，所以欲望是个"难缠的家伙"。

目标就不一样了，它应该是具体的、基于现实的。在目标驱动下，你从自己的内心和现实状况出发，激发所有的热忱，这种感觉和过程会是非常充实和有意义的，会让你自带能量。

有了基本的目标，只是第一步，还需要进行下一步的分析，如确认达成这个目标需要的知识和技能是什么？自己欠缺的是哪些？对实现目标有帮助的人和团体有哪些？如何去融入，学习他们的长处？最后再制定实现目标的措施，以及找出解决障碍的方法并且落实行动。把上述问题的答案写下来，然后将上述目标转换成为自己的年目标，放在自己的办公场所，天天看着它。

目标一定要写下来，“间歇性踌躇满志，持续性混日子”是很多人的通病，那是人性的弱点。你从小到大有过多少次暗下决心要完成某个目标，但最后没有做到，就是因为没有说出来、写下来、贴上去。有人统计，把目标或者行动计划写下来贴到显著的位置，比默默地在心里过一下实现的概率会提高40%。

之后，再把自己的年目标转化成月目标、周目标。许多世界五百强公司以周为单位安排工作，这是因为如果按天安排，则需要在目标设定和调整上损耗的时间太多，目标还没设定好呢，这一天就过完了。按天设定目标不仅需要非常自律的人来做，而且需要随机应变的人来做。按周设定目标的节奏刚刚好，你每周五下班前先审视这一周的工作节奏和安排，如是否做到了每天1小时阅读，每周两次健身，以及完成正在学习的某个课程，认识某个行业领域的前辈，等等，再将下一周要达到的目标写下来，贴在自己的办公桌前。这样一点点分解，几个月坚持下来，成效就会显而易见。

原“互联网打工人”曾琬铃写的《三十几岁，财务自由》[1]，讲述的是作者二十多岁进行了一次旅行，她觉得旅行太美好了，时间过得好快，都不想回去上班。回来后作者思考自己的未来，有没有可能真的财务自由，去环游世界。从那时起，她制定了10年目标，开始记账、控制消费、提高收入、提高储蓄率，按照“4%法则”储备原始积累，然后在其33岁的时候，果真实现了财富自由，进行了长达4年的环球旅行。

每个人都应该有一个财务目标

假设把财富自由定为很多人实现财富人生的财务目标，那它主要有两种实现路径。一种是通过创业或者联合创业，兑现一大笔财富，然后将这笔财富进行合理化管理和投资，通过其收益回报覆盖支出。另一种就是通过提高主副业收入、提高储蓄率。有时候我们可能储蓄没达到那么多，但是我们的经验和资历提高到可以比较轻松地获取回报了，即相比于以前，获得的回报更高了。例如医生、律师、教授等职业，都会随着经验和资历的增长，得到比年轻时多得多的回报。再在此基础上进行合理化投资，实现被动收入覆盖支出，这是绝大部分人可以参照的实现财富自由的方式。

哪怕我们不是为了功利性地获得财富，但是在现代商业社会，每个人都应该有一个财务目标，这是对自己和家人负责的体

---

① 曾琬铃. 三十几岁，财务自由[M]. 北京：中信出版社，2021.

现。我们可以用数字化的方式去落实，当然不同人群的收入状况和所处阶段千差万别，不能一概而论，只需要根据自己的情况来设定。

财务目标的第一步，是要提高主动收入，做到你所在城市此类岗位的前20%。想成为某类工种的顶级专业人士，有时候要看机遇和天赋；但如果是前20%，靠勤奋和努力是可以达到的。但如果你足够努力，还是达不到前20%，说明你可能不适合这个岗位，或者即使你进入20%，也不能达到你对工作的收入目标，那么你需要重新考虑选择职业或者考虑进行一项副业。

财务目标的第二步，在不影响生活品质的前提下，要提高强制储蓄率。例如你最初的月收入是1万元，储蓄率可以是5%，即每月留下500元用于各类储蓄、定投或保险等。慢慢的，随着自己薪资上涨或者通过消费节制，将储蓄率提高到10%。尤其在涨薪的同时，做好强制储蓄，如薪资由1万元涨到1.2万元时，把涨的2000元的50%储蓄下来，以提高整体储蓄率。由俭入奢易，由奢入俭难。只有一开始就形成这样的习惯，就不会有存不下钱来的错觉。如果本职工作的涨薪幅度有限，又有各种原因无法离职，可以考虑发展一项可持续性的副业，首先将自己的主动收入提高，然后慢慢地将储蓄率提高到30%。

财务目标的第三步，就是对储蓄做简单分配。可以将储蓄做短期的规划，例如买自住房等。一般在这个阶段，还更需要投资自己，学习一门自己感兴趣的学科或考取相关执证，如心理咨询师、经济师、会计师、律师等资格证，增加职业核心竞争力和多元化可能性。当然这里不建议为了考证而考证，而是一定要结合自己的职业发展或兴趣，否则就会精力分散，舍本求末。

财务目标的第四步，通过储蓄或者事业发展，设定获得人生“第一桶金”的目标。这里的“第一桶金”的数量因人而异。在四五线城市，可能10万元就可以启程一份新的事业，在北上广这样的大城市100万元可能还不够。

财务目标的第五步，有了“第一桶金”之后，对于“第一桶金”的安排将决定未来的财富走向。没有系统财商思维的人会对“第一桶金”欢呼雀跃，容易进行报复性消费。适当犒劳自己是完全可以的，但是一定要注意比例，建议不超过10%。一般来讲，我们可以将“第一桶金”的50%投入后续的事业，努力做到事业的可持续，产生源源不断的现金流，而剩余的钱可分配为以下几方面：

1. 3~6个月生活费的紧急备用金；

2. 规划合理必要的保险配置（越早越好）；

3. 开始做好长期投资组合计划。

接触定投基金、股票、定期存单、投资不动产或项目、保险等理财工具，逐步将收益率提高到8%以上，用资产配置所得的收益，慢慢覆盖自己的刚性支出，逐渐实现财富自由。

附表1 财富人生目标的设定

<table>
<tr><td rowspan="7">了解自己的职业热爱和资源</td><td>在你没有完全确定自己的人生路径之前，请思考以下问题，把答案写下来。</td></tr>
<tr><td>1. 你过去觉得最成功和最快乐的10件事是什么？它们与你的职业有什么关系？</td></tr>
<tr><td>2. 目前所有职业中，你觉得哪类职业的人是你最向往的？他们哪些方面吸引你？</td></tr>
<tr><td>3. 你觉得自己最擅长什么？自己有哪些与生俱来的天赋和能力？</td></tr>
<tr><td>4. 你所处的时代和环境给你带来什么机遇？</td></tr>
<tr><td>5. 你目前都与什么人来往？他们能带来什么？</td></tr>
<tr><td>6. 你目前的知识和技能，能否跟上时代的步伐？</td></tr>
<tr><td>财富人生目标</td><td>我的主动收入目标是____元/月，预计达成时间是____年____月，强制储蓄率在____年____月达到____%，储蓄后开始学习________________，提升职业竞争力。在____年____月储备“第一桶金”____元，会将“第一桶金”的____%用于扩大再生产，____%用于消费，____%用于投资，尝试学习分类账户管理和进行科学的投资组合，使收益率逐步提高到____%以上。</td></tr>
</table>

Part 3

梳理盘点自己的资本和资源

你知道自己到底值多少钱吗？

在面试的时候，大部分人都会被问一个问题——你期望的工资是多少。

为什么会有这个问题？

很简单，因为面试的公司想知道，你是否知道自己到底值多少钱！

关于自己能值多少钱这个事，是受多方面因素制约的。首先是教育背景，在大学毕业后的前5年，学校的标签会影响到你的薪资。如果你是985院校毕业的，一般会比普通院校毕业的大学生起薪高，能选择的单位也多，但这代表普通院校毕业的学生机会不多了吗？完全不是，职业生涯越到后期，毕业院校的层次会显得越来越不重要。如果你35岁了，依然需要用毕业院校的头衔去给自己加分，那么从某种程度上说，你这些年的职业生涯是不成功的。

一家公司雇佣你，终究是想通过你的能力、经验或资源，为公司创造价值。以前，我对做事的能力看得很重，慢慢发现，评价一个人，光从做事的能力来看是远远不够的，还有认知力、信念力、学习力等。

另外，公司还看重你对自己价值的把握，对自己有一个清晰的认知，给自己“定价”并呈现自己的价值，才是获得高薪资的根本。

愚昧之巅和绝望之谷，你选择哪一个？

对我们每个人来说，只有对自己有一个正确的定位，才会稳步实现高的价值。但定位不代表盲目自信。在现实生活中，有些刚有几年工作经验的人过度自信，总是高谈阔论；反而越是有文化底蕴、知识积累越丰富的行家里手，却是温润如玉的谦谦君子。这可以用邓宁—克鲁格心理效应解释。

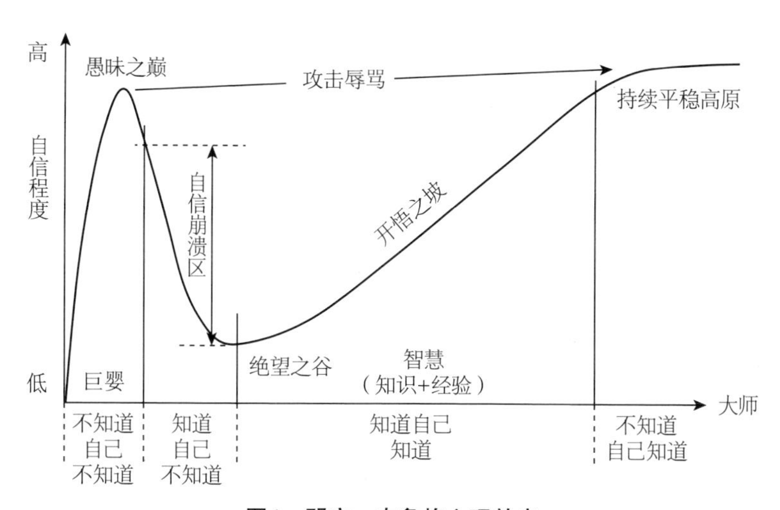

图4 邓宁—克鲁格心理效应

邓宁—克鲁格心理效应阐述了一种认知偏差现象，指能力欠缺的人在欠缺能力的基础上得出自己认为正确但其实是错误的结论，其无法正确认识到自身的不足，辨别错误行为。这些能力欠缺者们沉浸在自我营造的虚幻的优势之中，常常高估自己的能力水平，却无法客观地评价他人的能力。

邓宁—克鲁格也将认知分为四个层次：

第一层次，不知道自己不知道，即盲目自信，认为自己无所不知，实际处于愚昧之巅；

第二层次，知道自己不知道，即看到了自己某方面的弱点和差距，也知道努力的方向；

第三层次，知道自己知道，已经在某个领域有自己的见解和认知，成为专业人士，也能发挥出自己的价值；

第四层次，不知道自己知道，是海纳百川、虚怀若谷的状态。

其实在现实生活中，很多人会处在第一层次。如果你在30岁之前能够达到第二层次，就已经超越了很多人；在35岁之前能达到第三层次，就已经比较厉害了。

每个人都会有自己的优势和劣势，但是更要正确认识到自己的价值，要去挖掘自己的优势，并让自己处于一个优秀的环境中，才能获得更高回报，发挥自己的价值。在20多岁刚进入社会的时候，建议你到一个平台高、眼界宽、格局大的企业工作，这样你的价值层次会提高。例如，现在越来越多的创业精英，都是原来在大企业待过，其资源、能力、视野、格局都能够对企业的发展起到较好的支撑作用。

每个人身上都有与众不同的特质，给自己做出正确的定位，处在一个相对优秀的环境，丰厚的回报自然会到来。是得到认可，还是孤芳自赏，需要你自己决定。

一般来说，构成竞争力的基本要素包括：

1. 专业知识、学历、经验及技能等级；

2. 工作绩效；

3. 处理人际关系的能力；

4. 在所处行业职位的高低、人脉以及知名度。

如果你对自己的定位和价值还比较模糊，可以对照以上四项基本要素对自己的价值有一个基础的了解。

再审视本节标题，你到底值多少钱？有的优点、能力，或许你自己都没发现。

为什么我们一定要了解自己的价值，因为自己的价值就是资本，就是我们可以立足社会并在其中发展的出发点，只有认识自己，了解自己，才能突破自己。

如何发现你身边的资源?

任何事情的成功除了人的努力，还取决于资源的配备。在我们的生活中，有物质资源，也有非物质资源。物质资源主要包括金钱和财产，非物质资源则包括知识、技能、人脉、思想、精神、理念等。

悲观者正确，但乐观者成功

很多人认为自己也没什么基础，不认识什么人，在大城市打工很辛苦。有一句话说得很好，就是“悲观者正确，但乐观者成功”。那些经常觉得这儿有问题、那儿有问题的人，你最好离得远一点，因为他说的确实好像没错，听着感觉还有点道理，但是对你的成长和进步起不到作用。

悲观者在一起讨论最多的是什么？往往是“打工太难了！”“今天又花了××钱！”“才华无处施展”。你对他说：“不想打工可以去创业，干起来钱就来了，”他回答：“你疯了，我没钱怎么创业！你借给我啊！”你有没有发现，悲观者的世界观往往都是负面的。

乐观者在一起讨论最多的是什么？往往是在讨论怎么样赚到钱，用什么样的方式和方法。你有点担心地问他："创业你不怕亏损吗？"他会说："控制好风险，万一成了呢！"你有没有发现，乐观者的世界观往往都是正面的。

这就告诉我们，首先我们要和乐观的人做朋友，多与他们交流和沟通，不说借鉴多少经验，从心态上来讲，就能获得不少鼓励，看着他一天天阳光灿烂、干劲满满，你也会觉得："我也得努力起来！我要像他一样优秀才行！"

因此，想要成事，首先要找到适合自己的圈子，圈子对了，心态对了，状态对了，资源就更对了。

多维度的人脉是最重要的一种资源

很多人看来，资源就是有多少钱，会什么，往往忽略人的重要性。其实，人脉是最重要的一种资源，想要发现身边的资源一点也不难，可以从以下六个维度说起。

第一维度：家庭资源

家庭资源是我们首先可以考虑的第一资源，这里不是指利用家人官职，以权牟利，我们要谈的是完全不同的概念。首先梳理一下你的家人是干什么的，在某个领域有没有经验和天然优势。如果自己家没有，想想有没有亲戚是干得比较好的，走到这些相对优秀的人身边，去感受他们是怎么思考问题的，在那个行业领域是怎么起步的，去请教从0到1的关键步骤是怎么走过的。家人之间具有天然的信任，一般都会把最重要的方法毫无保留地教给你，运气好的话，还可能给你一些好的资源和机会。

小A当了五年“北漂”，既没攒下钱也没经营什么人脉，2018年，她想回老家去看看有什么机会。

巧的是，小A的弟弟在老家经营玉米生意，得知姐姐要回家，热情地邀请她和自己一起干。进入这个行业，小A才知道反季节销售的粘玉米价格要比正常季节高出好几倍，利润可观，一天收入能上万元。虽然弟弟的生意很好，但有时会因为供货不足影响向客户发货，于是，弟弟打算在家乡种植玉米，并让姐姐加入一起赚钱。

小A顺理成章地进入了这个行业，一起与弟弟经销粘玉米。接着，他们在某农垦科学院找到了粘玉米的种子，又和农户签订了70份购销合同。

到了2019年8月，普通玉米还没成熟，小A和弟弟经销的粘玉米就已经大丰收了。小A将农户手中的900万只玉米加工完毕，送进了租好的冷库。这时临近11月，市场上新鲜玉米已经卖完，小A觉得时机已到，便与弟弟红红火火地干起了直播，同时又与几家供应链公司签订了供货合约，每天能卖出至少10万只玉米。

可喜的是，刚到2020年春天，小A就陆续地接到了各个城市客户的预订电话，甚至韩国市场也发来了400多吨速冻粘玉米订购合同。

一两年的工夫，小A和弟弟就变成了当地了不得的人物。

家是一切的港湾，家人是上天馈赠给我们的、最自然亲密的资源。如果你身边也有这样的优质资源，一定要赶紧着手去做点实事。

第二维度：校友资源

你会看到很多创业大佬，刚开始起家都是几个大学同学互相信任、知己知彼，共同认定某个目标就开始干。从同学身上找发光点，一点也不难。

世界上的许多地方疫情仍旧严峻，给许多人的出行带来了不便。加拿大多伦多大学士嘉堡分校的华裔学生小C和小D看准时机，提出了配送食物的创业设想，配送范围包括超市的各种鱼、肉、蔬菜和水果，受到了很多人的欢迎。

早在2019年的校园创业大赛上，他们就曾提出这个项目，但当时未能通过。2020年新冠肺炎疫情暴发，有许多人不敢去超市买菜；而超市为保持“社交距离”，也不让太多人入内。送菜服务正逢时机。

于是，两个人开始着手设计软件、网站，确定配送方案，与超市谈判。目前，有好几个超市已经和他们达成了合作。

从开业到现在，大部分顾客订购的商品都会超过49加拿大元，购买的商品从蔬菜、肉类、日用品、零食，到防疫物资都有。如今有8名员工在为他们工作。

看准时机，撸起袖子就干，这是青春的魅力，同时也是同学间相互信任的魅力。如果你身边也有这样的好同学，不妨一起开始做点事，可以尝试一起创业，一起挣钱。当然，关于创业的注意事项，本书后面章节会提到。

第三维度：朋友资源

如果说你在学习的道路上没遇到志同道合的人，那么没关系，你的朋友中也应该不乏与你想法一致、价值观相合的人。朋友一样是我们人生中不可或缺的珍贵资源。

苹果的创始人乔布斯和沃兹在上中学的时候就认识了。当时，有一台“Altair 8800”计算机对他们来说，实在是太过奢侈的想法。两个人实在是太想要一台属于自己的计算机了，于是乔布斯和沃兹一起动手，硬是用零件组装了一台。

掌握了基本的组装知识后，两个亲密的朋友又购进了一些散装零件，成功地装好了100套“苹果—I”计算机，以每台50美元的价格卖了出去。虽然这次他们并没有赚钱，但“苹果”的种子就此种下。

由于有了一定的基础与经验，两个人开始关注计算机方面的信息。经过市场调研，乔布斯敏锐地发现，每一个人都希望买到一台整机，而不是散装配件。于是两个人开始在这方面下功夫，为了把外壳设计得更美观、大方，乔布斯还颇费了一番周折，终于设计出了轰动一时的“苹果—II”。

“苹果—II”推广成功后，乔布斯和沃兹更加肯定了自己的能力，决定合伙开一家自己的公司。但资金成为阻挡他们进一步发展的障碍。

值得庆幸的是，乔布斯和沃兹遇到了好朋友唐·瓦伦丁，唐·瓦伦丁把乔布斯和沃兹介绍给了另一位企业家——英特尔公司的前市场部经理马克·库拉。这位企业家对微型计算机十分精通，他检查了乔布斯的“苹果”样机性能，并做了详细的询问和考察，还了解了“苹果”电脑商业前景，之后，马克·库拉立刻意识到了乔布斯和沃兹的发展潜能，决定与他们合作。

三个人根据持续几天的商谈，制订出了“苹果”电脑的研制生产计划书。马克·库拉先是把自己的91000美元全部投了进去，接着，又从银行帮乔布斯和沃兹取得了25万美元的信贷。

资金已经有了，那么技术方面要如何保证呢？为此，他们聘用了熟悉集成电路生产技术的迈克尔·斯科特担任经理，由马克·库拉、乔布斯分别担任正、副董事长，沃兹任研究发展部副经理，苹果微型电脑公司就这样发展到了今天。

第四维度：工作资源

工作方面的资源很多，有来自同事的，有来自领导或下属的，也有来自客户的，你在工作中应该会接触到各类群体。

小C是一家培训公司的课程销售员，初来乍到，业务不是很熟练，工作不太顺利。在一次公司的培训课上，经理对他们这些新员工说：“你们刚来，没有实质性的客户是正常的，但只要坚持下去，肯定会有收获。”

有人抱怨业务太难做。经理又说：“你不要把工作当成业务，也不要把客户当作拿奖金的筹码。你向客户提供最好的培训课，能提升他们企业的管理、用人、销售、财务等，你的工作就是帮助企业和企业家成长。一句话，你所做的就是为客户好。”小C对这段话印象深刻，原来好业务是这样做出来的啊！

后来，小C抱着帮助客户的心态工作。无论是工作，还是生活，经常问候客户，像朋友一样关心他们。如天气转凉时提醒他们加衣，节日时发个祝福短信。不仅如此，小C还关心客户家人，客户孩子生病了送点药过去，甚至有一次客户的钥匙落在家里，小C特意开车从南城送到北城。

在别人看来，小C真有些走火入魔了，把客户当作亲人了。没想到，一段时间后，还真有客户被小C感动了。餐厅老板李女士说：“以前小C的同事也联系过我，但每次都是直奔主题，就问我需不需要培训课程，需要的话就为我的餐厅量身定做一套。可小C不一样，虽然我知道他也是推销这个课程的，但他只给我说了这个课程有多好，然后就是无微不至地关心我和我的家人。我从没见过这么一个为客户着想的销售。说实话，我是被他感动了。”就这样，李女士二话没说，就同小C签约了。

小C还很注意“售后服务”，签单后对李女士及其家人的关心一如既往，他还时刻关心其餐厅的生意，偶尔还带朋友去吃个饭。除了公司安排的课程，小C还自己看书学习，帮助餐厅培训。李女士真是对小C心服口服，给他介绍了好几个新客户。

有了熟人的推荐，小C的业务好做多了。

乔·吉拉德是“世界上最伟大的推销员”，在商界的奋斗中，他总结出了一条“250定律”。他觉得，每一位客户背后大约有250名亲朋好友可以发展。倘若你赢得了一位客户的好感，那么，你会随之获得这位客户背后的250名亲朋好友的好感；相反，如果你得罪了一位客户，也就得罪了这位客户背后的250名可发展客户。因此，你必须认真对待身边的每一位客户，因为每一位客户的背后都有一个相对稳定且数量庞大的潜在客户群体。

第五维度：环境资源

如果你现在没有工作，没有一个好的平台。没关系，想想你的家乡有什么产业资源，你原来上学的学校在哪个产业或行业有优势，说不定这些也会成为资源和机会。

1908年，彼德森出生于伦敦一个贫穷的移民家庭。因为家里实在太穷了，他没怎么上过学。到15岁时，为了能掌握一门谋生的手艺，彼德森到运河街的一家珠宝店当了学徒工。几年之后，由于师徒间的一些误会，彼德森离开了珠宝店。

因为有一些经验，彼德森就自己开了一家首饰店，进行首饰加工。刚起步时，为了招揽生意，彼德森从早到晚四处谈业务，每天都很累，但没有起色。于是，他开始改变经营方式，搜集那些有财力并且想买首饰的人的名单，然后挨个给他们写信，介绍自己的技艺，并在信中约好上门服务的时间。

有一次，他去拜访一位贵妇，贵妇在见到彼德森后，非常认真地问他：“彼德森先生，您的手艺是向谁学的？”彼德森说：

“我的手艺是在运河街珠宝店卡森那里学来的。”贵妇说：“卡森！那可是个有名的珠宝商，原来您是他的学生。”贵妇拿出一枚钻戒，放心地交给彼德森，她说：“戒指只是有些松动了，需要加固一下。”贵妇的言语让彼德森感到惊讶，他没想到卡森的名气这么大。

自此，彼德森决定借用卡森的名字来推销自己。每次与客户见面，彼德森在介绍自己时，总有一段独特的开场白，他会说：“我是卡森的得意门生彼德森。”

当然，后来师徒二人也和解了，不过那是后话了。

环境资源其实就是家乡或者身边的可利用信息。例如你是福建人，知道家乡有人是做茶叶生意的，那么你就可以近水楼台研究茶叶，毕竟当地人对这些东西都熟悉，也能联系到相应的资源，会对你的发展有一定的帮助。

第六维度：陌生人资源

你“社恐”（社交恐惧症）吗？

现在许多年轻人都讲“社恐”，说自己“不会和别人交流”“一说话就尴尬得能用脚指头抠出一座宫殿”，不仅不愿意表达自己，甚至用异样的眼光去看待愿意表达的他人。

从加州州立大学毕业后，邓文迪凭借自己的努力考进了耶鲁大学商学院，攻读MBA学位。毕业后，邓文迪准备到中国香港发展。在飞往中国香港的飞机上，她恰好坐在了默多克新闻集团的董事布鲁斯·丘吉尔的旁边。

大多数人对于旅途中的邻座是什么人并不会太在意。但是，邓文迪没有让这个绝佳的机会擦肩而过。在飞机上，仅凭简短的交谈，她就博得了布鲁斯·丘吉尔的信任与好感，不仅仅因为她耶鲁大学商学院MBA的学位以及精通英语、粤语和普通话的有利条件，更因为她敢开口、愿意说。

在布鲁斯·丘吉尔的引荐下，邓文迪获得了星空卫视总部实习生的工作机会。之后邓文迪的故事大家都知道，正是最初一次乘飞机的机遇，善于交际的邓文迪改变了她的人生轨迹。

看完邓文迪的例子，本书只想说，千万别限制想象力，更别放弃身边每一次出现的机会，资源都是创造出来的。

相比人脉，能够创造人脉的能力更重要。创造人脉到底要具备哪些能力呢？最简单直观的就是体现自己的价值。你需要有被别人需要的价值，也许你刚开始一无所有，那就从最简单的开始，热情服务。假如你是加油小哥，你可以与车主多聊聊天，提醒一下车主什么时候加油最合适、加油站之间有什么区别等。如果你是一名理发师，可以多给客人提提建议、多说说不同人发质的区别、多提供几种发型建议。利他是永恒的商业模式，利他做到了，资源慢慢地也就积累了。

热爱和擅长，是一种源源不断的内在资源

如果说人脉资源是一种外在资源，那么你本人热爱和擅长做什么，就是一种源源不断的内在资源。

当你对一份工作感兴趣时，兴趣会让你比别人愿意更加深入地了解这份工作，知道内在的关键点，也比别人更加投入。但随着市场行情的变化、竞争对手的涌入以及自身新鲜感的降低，你可能会觉得这份工作会失去挑战性，甚至变得乏味。这时候，就需要那份热爱支撑我们度过瓶颈期，去寻找新的突破。事业当中最本质、最让人动容的力量不是匹配或者合适，而是热爱！因为热爱不需要达成任何目的，热爱本身就是目的地！

另一种内在资源就是擅长。每个人擅长的领域完全不同，有人对数字敏感，有人喜欢和人打交道。擅长是你能在这个领域做得比其他人好的重要因素。找到自己擅长的工作，会事半功倍。我们之前谈到，首先得想办法成为在你所在行业领域前20%的人，在这个世界上，应该不会有20%的人达到财富自由；所以，先在你所在行业领域中成为前20%的人，再通过系统规划，一点点去实现财富自由。

“内卷”之外，还有什么让自己增值？

2021年以前，好像很少听到“内卷”这个词。但现在，“内卷”来了，一夜之间好像什么都能用“内卷”来解释了。明明我加班了，但业绩还是没什么起色——绝对不是我偷懒，一定是“内卷”了。

“内卷”是什么？

“内卷”指一种社会或文化模式在某一发展阶段达到一种确定的模式后，便停滞不前或无法转化为另一种高级模式的现象。换句话说，内卷指存量竞争下的互相内耗，导致竞争中的个体付出增多了，但实际收益并没有变化。对于个体而言，“内卷”指一个人学习、工作与生活需要投入更多精力与成本，却并不能相应地获得更多回报的“无效努力”状态。

伟大又讨厌的熵增定律

如果要问为什么会形成“内卷”，那可以说一说熵增定律。

熵增定律是德国物理学家克劳修斯提出的热力学定律，他引入了熵的概念来描述一种不可逆过程，即热量从高温物体流向低温物体是不可逆的。孤立的系统总是趋向于熵增，最终达到熵的最大状态，就是系统的最混乱无序状态。也就是说，一个孤立的系统，不加以外部的力量，会变得越来越无序。例如你的房间，如果不定期整理，应该会越变越乱；每个人如果不注重锻炼等，身体的状态会变得越来越差。诺贝尔物理学奖获得者薛定谔说："人活着就是在对抗熵增定律，生命以负熵为生。"

每个人都需要通过自身的努力，去克服熵增现象。当我们真的遇到瓶颈时，要思考的就是如何让自己走出"内卷"，"躺平"毫无意义。

影视剧《中国合伙人》里的陈冬青对学生说过一句话："掉在水里你不会被淹死，待在水里你才会被淹死，你只有游，不停地往前游。"

如果发现自己已经掉在"内卷"的水里了，你只能不停地往前游，寻找机会与突破，比别人更努力，你才不会被"卷"入其中。如果你上班"摸鱼"，下班打游戏，晚上还刷视频追剧，一年到头都不读一本书，也没学习任何技能，那么很遗憾地通知你：你的收入增速将很快追不上通货膨胀的速度。

当然，也不是说你要一直在"内卷"的状态下逼着自己、绷着神经低头往前跑，而是要有一定的方向意识和行动能力。

投资和强大自己，才是解决问题的根源

要想突破"内卷化"，就需要跳出单纯的学历论，别光看过

去的知识和陈旧的经验，全面综合提升整体能力，尤其是情商和人文素养，选择合适的路径，这才是破局之道。

我们不知道将来会发生什么样的事，也不知道以自己现在的这种能力，能不能应对未来的挑战，因此对自己进行投资是一件非常重要的事，持续投资和学习也是非常必要的事。

很多人都听说过一个寓言。在大草原上，狮子每天都在想，自己只有拼命奔跑，才能抓到猎物；与此同时，羚羊也在想，它必须拼命逃跑，才不会成为狮子的食物。

每个人的心中都有很强烈的危机意识，焦虑正是不少年轻人心里面经常存在的一种感觉。想要将这种困扰自己的焦虑感消除，首先必须让自己变得强大起来，只有不停地提升自己的能力和阅历，才能有足够的信心去面对生活和工作。强大自己，是解决很多问题的根源！

在自己身上投资可以让你思考事情时头脑更加清醒与理智。人们经常说“艺不压身”，通过这句话就可以看出在自己身上投资是极有好处的。

实际上有很大一部分人，特别是那些没有任何身份背景的人，都有很大的升值空间。不过你需要搞明白的一点是，你不可能将自己升值的可能性寄托在别人身上，想要让自己变得更有价值，你必须要在自己身上进行更多的投资。你必须明白，在其他方面的投资可能让你在短时间内赚到钱，但是在自己的身上进行投资，从长远的角度上来看对你更加有利。

如果你能将自己的本职工作做得非常好，赋予其全新的生命与活力，也是一种特殊的理财方式。如果你没有太多对理财工具进行投资的想法，不妨对你的认识、眼界、能力进行长期投资。如果你坚持投资自己，你将成为一个非常有价值的人，产生源源不断的现金流，这也是你一生的宝贵财富。

如果你希望自我投资收到很好的效果，就必须对自己非常了解，知道自己在哪方面比较擅长，在哪方面做得不好，扬长避短，找一个能与你的优点充分结合起来的职业。虽然我们不必去对证书与文凭等太过迷信，但应具备最起码的知识或技能，如应当有证明专业知识或技能的文凭与证书，构建自己的IP。这些都能让你的竞争力变得更强。

一般对于刚参加工作的人来说，都是用自己的时间去挣钱，但是当工作经验积累到一定程度、事业比较成熟时，人们就开始用钱来节省时间了，以便有更多的时间去发展自己真正感兴趣的领域。当一个人的事业发展到一定程度时，他就会尽可能地节约自己的时间，并愿意用钱去买时间，让自己拥有更多的时间。

总之，你需要不断地在自己身上投资，让自己变得更强大、提高时薪，这样才能保证在将来赚到更多的钱。

你知道自己在实现财富自由的哪个阶段吗?

收入与支出需要统筹兼职

一个有劳动能力的人通常都能挣到一定的钱，不管多还是少，人如果要生存，一定在不停地花钱，只有吃饱穿暖，才有精力去挣钱，因此钱是随时随地从你口袋里流进流出的。

既然有收入也有支出，一个新问题出现了——你到底有多少钱？很多人立马会想到银行卡里的存款。这没错，不过银行存款只能从一个维度衡量财富的状况。你需要的是更加详细科学的数据，也有助于更好地了解自己。

钱是挣出来的，同时也要学会存钱，如果不会存钱，就算收入再高，也只是一名“月光族”，不可能实现财务自由。一般人都能做到支出比收入少，那是因为花到后面银行账户余额不多，只能作罢。还有一些“月光族”，用信用卡消费，到还款的日子发现还不上，就做分期。偶尔做分期可以理解，但如果经常需要分期还款，说明你的财务状况不太理想，需要及时审视，否则情况会更加糟糕。

使用信用卡的目的是进行消费管理，你能非常清晰地知道每月的支出是多少，大概花到哪去了，从而调整消费。信用卡发卡行经常推出各种各样的优惠福利或者积分活动，很多值得参加。但用信用卡进行过多的透支就不值得提倡了，如在不同银行办好多张信用卡，用A行的信用卡提现还B行信用卡欠款。“挖东墙补西墙”，只会得不偿失。

想要真正成为一名富人，不能挣多少花多少，而是要根据自己的实际情况做规划预算，无论出现什么困难，都必须保证该存的钱存下，该花费的钱在预算之内。把每个月剩余的钱存起来，或者进行一些投资，都是不错的选择。

美国拳击手T在20岁那年便成为世界重量级的冠军。他的拳击技术非常好，身体十分强壮，挣的钱也不少，大概有4亿多美元。然而他的生活却非常奢华，花钱像流水一样。有一次，他在拉斯维加斯最为奢侈的一个酒店包了一个豪华套房，这个套房每晚的租金是1万美元，在这里喝上一杯普通的酒，就要花费1000美元。为了显示自己的阔气，当服务生来送酒时，他放在盘子里的小费高达2000美元。正是因为他花钱不知道节制，后来欠下了2800万美元的债务。

一个人就算有再高的收入，如果不知道积累，也不可能成为富有的人。想要积累财富，必须懂得量入为出。

盘点自己的财务和资源

前面我们梳理盘点了自己的资本和资源，打开了思路，那么现在就要明确自己的现状，通过数据表格化来全方位地认识自己，我们要对照《个人/家庭资源及财务现状盘点表》（见附表2）清晰勾勒出我们每个人自身的优势和目前的财务现状，相信填完之后你会对自己以及财务状况有更加清晰的认识。

附表2 第一大栏是个人/家庭基本信息。

第一项是你喜欢做的事，这里主要填，哪件事情你干起来可以废寝忘食，或者哪怕没有报酬自己还是愿意去做。

第二项是你做过的兼职，如家教、主持人、翻译、地推员等。如果你做过家教，当时家长的反馈如何；如果很好，说明你具备教师潜质，你可以考虑能否成为一名平台讲师。

第三项，你的优势是什么？未来要到更高的平台发展，一定得经常考虑如何发挥自身优势，而不是总惦记着自己的短板。如乐于为人服务，喜欢和人交流，或者外貌好看，都是优势，有了上述优势，你做直播或者销售方面的工作可能就会比别人做得好。

第四项，家族资源。如果你是“企二代”，在发展你自己事业的过程中，最好的方式就是合理使用自己的家族资源，可以直接接手，也可以在上下游相应产业链方面进行拓展。

1980年，比尔·盖茨的母亲玛丽被任命为非营利组织“全国联合大道”的董事会成员，她与委员会成员、IBM主席约翰·欧宝讨论了比尔·盖茨的公司。几周后，IBM聘请当时还是一家小型软件公司的微软，为其第一台个人电脑开发操作系统。可以说，IBM早期为微软的成功奠定了很重要的基础。

第五项，校友资源。哪些校友在某个领域取得了非凡的成就，能否向他们学习？如果创业，哪几个同学是值得信任的，他们现在在哪？做什么？校友是我们未来最合适的合作对象。

第六项，其他人脉资源。仔细想想在你的过往经历中，有谁能够在早期给予你帮助。

第七项，单位资源。在你现有的工作中，你积累了哪些经验和资源，能够接触到哪些人。除了完成工作任务，应当努力为自己积累人脉、经验和资源。

第八项，如果你没有以上资源可用，想想你的家乡，有哪些优势的产品或者产业，如东北大米、西北内蒙古地区的牛羊肉、沿海地区的民宿，这些都是有开发价值的产品。

第九项，如果你自己工作生活在某个大城市，那么城市本身也是一种资源。你在这里了解最前沿的讯息，接触最有头脑的人群，如杭州的电商行业、义乌的小商品产业、广州的服装产业、东莞的制造业，等等。一定要借天地之势。

接下来，梳理财务现状，填写当前你自己或者家庭的财务状况。如果现在你没什么资产，也没关系，这张表会帮助你审视目前的资产状况，让你知道未来的方向。

第二大栏是过去一年个人/家庭收入，分为主动收入和被动收入，对照表中各项分别填入。

第三大栏是当前个人/家庭资产状况。包括股票基金当前的市值，保险产品的现金价值，以及寿险保额和重疾保额分别是多少，通过这些内容可以评估你的财务安全性。然后是银行的存款/理财产品总额，车的市值等。如果你有企业股权，可以估计一下目前对应的可折现市值。如果涉及应收账款，也可以算在个人资产中。如果这种应收账款确定未来收不回，则不应填入表中。

第四大栏是过去一年的个人/家庭支出情况。如一个月生活支出是5000元，那么一年大概是6万元。再细分为子女教育、学习、住房、孝养、医疗、旅行、经营性支出、大件采购、消费类保险支出、储蓄类保险支出、股票基金亏损等。保险类支出分为消费型和储蓄型，前者一个算支出，后者应该算储蓄，但在当下都是需要资金投入的。如手机、电脑、一个几千元以上的包，都算作大件采购。实在分不清是哪项的，可以放在其他支出里。填完这些后，得到支出合计，再审视一下自己的支出分类，也许会有一些体会。

第五大栏是个人或者家庭负债。负债就是对外欠的钱，房贷、车贷、消费贷是典型的负债，除此之外，私人借款、经营性贷款、网络贷款和其他欠款都算负债，填完后计算负债总额。

最后，还有一个开放式问题，即你觉得目前主要的经济问题和困难是什么？请思考一段时间后如实回答。

填完上表后，我们可以计算出几个数值。

1. 上一年度的现金流状况。如果现金流余额比较多，那么恭喜你，超过了很多人。接下来就是想办法把结余的收入做一个合理的分配和进行资产组合，下文会给出一些建议。如果现金流正好平进平出，你要思考现在的防风险能力是否足够，如果你的职业发生变动或者家庭成员突发状况，家庭财务状况是否会受到影响；是否现在的消费有些高，应该降低不必要的开支；等等。

2. 财富自由度（被动收入/总消费）。数值超过100%代表已经基本实现财富自由。数值较低，说明你还处于劳动收入占比较高的阶段，未来需要努力积累能够产生正向现金流的资产。

3. 资产负债率（总负债/总资产）。反映单位资产承担的债务情况，数值越高，代表越多资产还不是你的。

通过以上三个数值，相信你会对自己的财务状况有更深刻的认识和了解。有了起点，才知道自己在哪里；有了目标，才知道去哪里；付诸行动，剩下的就交给时间。

附表2 个人/家庭资源及财务现状盘点

填表人： 填表时间：

<table>
<tr><td colspan="7">一、个人/家庭基本信息</td></tr>
<tr><td rowspan="5">本人基本情况（选填）</td><td>姓名</td><td></td><td>性别</td><td></td><td>民族</td><td></td></tr>
<tr><td>出生年月</td><td></td><td>社会职务</td><td></td><td>最高学历</td><td></td></tr>
<tr><td>毕业时间</td><td></td><td>手机</td><td></td><td>毕业院校</td><td></td></tr>
<tr><td colspan="2">工作单位/自创企业</td><td colspan="2"></td><td>户口所在地</td><td></td></tr>
<tr><td>职务/主营业务</td><td></td><td>婚姻情况</td><td></td><td>常住地</td><td></td></tr>
<tr><td rowspan="5">配偶基本情况（选填）</td><td>姓名</td><td></td><td>性别</td><td></td><td>民族</td><td></td></tr>
<tr><td>出生年月</td><td></td><td>社会职务</td><td></td><td>最高学历</td><td></td></tr>
<tr><td>毕业时间</td><td></td><td>手机</td><td></td><td>毕业院校</td><td></td></tr>
<tr><td colspan="2">工作单位/自创企业</td><td colspan="2"></td><td>户口所在地</td><td></td></tr>
<tr><td>职务/主营业务</td><td></td><td>婚姻情况</td><td></td><td>常住地</td><td></td></tr>
<tr><td>喜欢做的事</td><td colspan="6">如，喜欢表达、讲课</td></tr>
<tr><td>做过的兼职</td><td colspan="6">如，主持、礼仪、健身教练</td></tr>
<tr><td>自身优势</td><td colspan="6"></td></tr>
</table>

续表

家族资源	如，某亲戚在某行业领域有较高成就		
校友资源	如，某同门师兄师姐是自媒体领域的网红、能带货		
其他人脉资源			
单位资源	如，能在工作时接触到很多企业家或者发现某个行业的痛点		
家乡优势产品/产业	如，东北五常特产大米、内蒙古地区牛羊肉、沿海地区民宿等		
其他资源			
二、过去一年个人/家庭收入			
1	主动收入	工资性收入	
2		经营性收入	
3		股票、基金收入	
4	主动收入	其他收入	

续表

<table>
<tr><td>5</td><td rowspan="4">被动收入</td><td>房租收入</td><td colspan="4"></td></tr>
<tr><td>6</td><td>保险类收入</td><td colspan="4"></td></tr>
<tr><td>7</td><td>经营性收入</td><td colspan="4"></td></tr>
<tr><td>8</td><td>其他收入</td><td colspan="4"></td></tr>
<tr><td colspan="5">收入合计</td><td colspan="2"></td></tr>
<tr><td colspan="7">三、当前个人/家庭资产</td></tr>
<tr><td>1</td><td colspan="2">股票基金（当前市值）</td><td colspan="4"></td></tr>
<tr><td>2</td><td colspan="2">保险类（现金价值）</td><td></td><td>寿险或重疾保额</td><td colspan="2"></td></tr>
<tr><td>3</td><td colspan="2">存款/理财产品（总额）</td><td colspan="4"></td></tr>
<tr><td>4</td><td colspan="2">房产商铺（市值）</td><td colspan="4"></td></tr>
<tr><td>5</td><td colspan="2">车（市值）</td><td colspan="4"></td></tr>
<tr><td>6</td><td colspan="2">珠宝、字画、古董</td><td colspan="4"></td></tr>
<tr><td>7</td><td colspan="2">企业股权对应市值</td><td colspan="4"></td></tr>
<tr><td>8</td><td colspan="2">公司应收账款</td><td colspan="4"></td></tr>
<tr><td>9</td><td colspan="2">个人应收账款</td><td colspan="4"></td></tr>
<tr><td>10</td><td colspan="2">其他资产</td><td colspan="4"></td></tr>
<tr><td colspan="3">资产总额</td><td colspan="4"></td></tr>
<tr><td colspan="7">四、过去一年个人/家庭支出</td></tr>
<tr><td>1</td><td colspan="2">生活</td><td></td><td></td><td></td><td></td></tr>
<tr><td>2</td><td colspan="2">子女教育</td><td></td><td></td><td></td><td></td></tr>
<tr><td>3</td><td colspan="2">学习</td><td></td><td></td><td></td><td></td></tr>
<tr><td>4</td><td colspan="2">住房</td><td></td><td></td><td></td><td></td></tr>
<tr><td>5</td><td colspan="2">孝养</td><td></td><td></td><td></td><td></td></tr>
<tr><td>6</td><td colspan="2">医疗</td><td></td><td></td><td></td><td></td></tr>
<tr><td>7</td><td colspan="2">旅行</td><td></td><td></td><td></td><td></td></tr>
<tr><td>8</td><td colspan="2">经营性支出</td><td></td><td></td><td></td><td></td></tr>
<tr><td>9</td><td colspan="2">大件采购</td><td></td><td></td><td></td><td></td></tr>
<tr><td>10</td><td colspan="2">消费类保险支出</td><td></td><td></td><td></td><td></td></tr>
</table>

续表

11	储蓄类保险支出				
12	股票基金亏损				
13	其他支出				
支出合计					
五、当前个人/家庭负债					
1	房贷				
2	车贷				
3	私人借款				
4	经营性贷款				
5	消费贷款				
6	网络贷款				
7	其他欠款				
负债总计					
目前主要的经济问题和困难					

Part 4

工薪族如何逐步实现财务自由

选择适合你的行业

想找一份好工作挺不容易的。从各大招聘软件的广告来看，公司招人和求职者找工作同样都面临难题。好不容易有了个目标公司，面试时又傻了眼："996"能接受吗？能长期出差吗？有孩子了吗？……各种问题层出不穷，好不容易问到专业，HR轻描淡写的一句：我们需要相关工作经验五年以上的专业人士，可是薪酬又给不了太高……面试过了，也不算全过关，据调查，目前大部分公司的实习期为3个月，虽然公司能正常交保险，但工资只有正常月薪的70%左右。实习期也是磨合期，有近20%的人会在实习期觉得同公司不匹配，于是一拍两散，再来一轮上述经历。

面对如此艰难的工作选择（更换），大部分求职者又不能坐吃山空，很多时候先凑合找个工作了事。因此在找工作时，首先应该有规划和目标。

怎么样计算才算高薪?

什么是高薪？单纯的一个数字就是高薪吗？

第一，我们需要了解税收。100万元年薪，缴税后到手收入大约是60多万元。如果去应聘某高薪职位，应该深入了解税收政策。

第二，关于精力和时间的付出比。如A通过股票增值，B通过在一家门店打工，均可获得10万元收入，请问他们是同等收入水平吗？答案是：完全不同！

基于此，我们所说的高薪是高效率薪金。如果用一种比较合理的计算方式，那就是时薪。如你月薪是1万元，平均工作22天，每天8小时，那么时薪是56.8元。你应该尽早用时薪去衡量自己的薪水目标。

还有一些高薪，有可能是因为用人单位看中你的短期资源（如客户资源、渠道资源等）而提供的，一旦这些资源出现状况或者耗尽，收入就会受很大影响。你需要好好考虑这算不算持续的高薪。

你喜欢哪一类工作？

从收入规律来看，工作大致可以分为三种类型。

其一，可工作年限较短，能短时间积累大量财富，但有可能出现职业断层的风口类职业，如运动员、模特、主播等。这类工作往往收益高、回报快，但行业的更迭也很快，个人职业生涯从新兴期到红利期，甚至不足3年。运动员、模特等，如果超过30岁，竞争力可能会迅速下降，那么他们就要考量之前挣的钱是否能够支撑自己职业生涯结束后的持续花销，或者怎样在最好的时候，为自己的未来铺路。又如，大概2017年之前，人们还不知道什么是直播，但如今主播已经成了热门职业，再往后五年主播会依然热门吗？

其二，可工作年限长、收入稳定但缺乏爆发增长的稳定性行业。大部分的办公室职员都属于这种工作类型，如编辑、文员等。如果无法转到管理岗位，这类行业的从业者收入增长有限，如果希望实现财富自由，这类从业人员就要想办法承担更多责任，晋升管理岗，或者想办法在此基础上，增加第二职业。

其三，前期挣得不多，随着经验增长越来越值钱的“厚积薄发”类行业。这类行业前期收入增长十分缓慢，有的工作还需要为了自我增值而持续投入，会计师、律师、医生、导演都属于这类。

随着经济社会发展速度的加快、人工智能的普及和人类寿命的延长，未来越来越多的人的职业生涯会经历跨行，人一辈子干几个行业很正常。

迅速崛起的互联网行业，让整个世界都加快了脚步。麦肯锡对全世界25~50岁从业者的调查数据显示，“70后”靠从事房地产业发家致富的人最多；“80后”靠计算机编程赚钱的人最多；“90后”在互联网行业的人报酬最丰厚。

“选择大于努力”“方向不对，努力白费”……或许这些标语有些夸大其词，但站在选择的十字路口上，真要好好想想，到底哪些行业更容易成功，哪些更能跟上时代的节拍。能够将自己的优势与未来趋势结合起来的能力尤为重要，有了这种能力，你就能获得更多红利！

互联网上有各个行业的平均薪酬，金融行业和科技服务业的平均薪酬名列前茅。行业的选择会决定你未来的天花板。

《三十几岁，财务自由》的作者曾琬铃刚毕业时是一名英语老师，工作了一年，她觉得这份工作一直做下去发展有限。听说科技行业赚钱，她就试着向科技行业转型。她只有英语这一个优势，试着在100多家科技公司里找涉外业务方向岗位应聘，终于有一家公司录用她了。进入新公司以后，她从头做和学，1年后，她可以在海外客户面前做简报，3年后，她顺理成章地进入了梦寐以求的知名外企工作。这个例子非常典型地说明了如何在最初利用自己仅有的优势，一点一点地取得突破。机会是自己争取来的，没有什么不可能，关键是有合适的方法和行动。

如何选择适合自己又高薪的工作呢？

可以通过互联网、书本大概了解了行业类型，再通过朋友打听一下各个行业的现实状况。很多人喜欢向父母寻求意见，这也符合常理，开明的父母一般会支持和鼓励孩子做喜欢的事，而且会提醒孩子需要注意的事项。如果父母的思路已被禁锢，在职业的道路上能够给你的建设性意见则非常有限。时代在不断变化，未来的路一定得靠你自己走。最好先向这个行业里的成功人士了解情况，再结合自己的情况客观分析，选择适合自己的行业。

要善于发现自己的职业优势

你是不是遇到过这样的情况：有的人在一个岗位上坚持了十几年，还是庸庸碌碌、毫无作为，甚至面临被淘汰的风险；而有的人只工作不到一年便能够独当一面，成为团队的核心人物。

人分内向、外向，更有诸多优点、不足，同时还具备各种特长和经验。如果在职场里，能够在自己的优势领域发挥价值，很容易就能做出超越一般人的成绩，甚至达到顶尖水平。

衡量行业所处周期是否合适

任何事物都有周期，行业也是如此。例如，传统的台式计算机行业在国内已经非常成熟了，在20世纪90年代入行的人已经赚取了“第一桶金”，现在选择加入的人，只能赶上成熟期甚至衰退期了，行业红利在慢慢消失，成长速度就会慢很多，留给新人的机会也会少很多。

而一些刚刚进入成长期的行业，如近年来的社群销售、人工智能、短视频带货等，则正处于红利期，有助于实现个人财富和能力的快速增长。尽量找到目前正在崛起的行业，能够加速你的成长。

微信公众号《笔记侠》里讲过这样一个故事，一个“90后”男生，从大学开始就对数字加密货币这类新东西感兴趣，毕业后他放弃了稳定工作的机会，专心搞技术，五六年经历了十多家公司，从数字加密货币到区块链，到现在的“元宇宙”，他都做过。

公司倒闭得快，他跳槽也快。从传统的视角看，他的工作很不稳定，但实际情况是他的薪水长得快，早已过了百万元级。

在一个处于萌芽阶段的上行赛道上，人力资本的供给小于需求，人力资本有很高溢价。他并不是什么超级牛校的超级牛人，但是确实获得了职场的溢价。

时刻关注政策导向与行业状况，了解未来趋势

政策导向决定了一个行业的生死。如果一个行业是国家支持且重视的，甚至是有各种创业红利制度的，那么就可以去尝试，政府部门发布的信息里面会隐含着很多机会。此外，国家有关部门或行业机构定期发布一些同职业相关的行业报告，从行业报告中我们基本能够了解到市场上一些行业的状况。

通过对自己、行业周期和未来趋势的分析，有助于你加深对各个行业的了解，判定自己未来该往哪个方向发展。

提高你的主动收入

你的收入是职位主导型还是业绩主导型

选择好了职业之后，我们要开始考虑提高收入，较高的收入是实现财富人生的前提。

大多数人都是工薪族，通过付出劳动来获得报酬，这就是通常说要努力工作，把事情做好的原因。但为什么同一班毕业的同学在几年后收入差距还是会拉大呢？一个根本原则是要待在有利于人力资本积累的岗位上，也就是通过一段时间的工作，能够让你变得更值钱。

我们大概可以把岗位分为职位主导型和业绩主导型。体制内的各个岗位、企业的职能部门、技术部门等一般是职位主导型的，职位高，收入通常就高。业绩主导型的以业绩为王，职位可能不重要，如房产中介、保险规划师、各类销售等。还有一些连锁店的店员、店长、区域经理、城市经理这一类，算介于两者之间，不同岗位的收入提高计划策略是有所区别的。

专业人士，如医生、教师、研究员等，通过本机构平台，提升专业度和影响力，然后扩展专业工作范围。例如大家熟悉的私立医疗机构，有大量的公立医院医生出诊。人力资源和社会保障部2017年发布的《关于支持和鼓励事业单位专业技术人员创新创业的指导意见》以及《中华人民共和国医师法》也在一定程度上支持医师多点执业。如“××妈妈”，本人就是一名医生，通过自媒体发布一些育儿和医疗知识，后来建立个人IP，获得融资，提高收入。

对于企业里面的员工，哪怕是刚进公司几天的前台工作人员，也需要知道公司的核心产品、核心岗位是哪些，进而了解自己所在的部门和职位如何为核心产品和岗位提供支撑。

你的岗位的KPI是什么？如果单位没给你设置，那你要为自己设置：如果你是老板，你希望这个岗位为公司做什么贡献。

怎样和你的上司和谐相处？

在职场中，经常会有人抱怨自己的上司或领导。这种现象存在是因为上司希望你的工作达到一定标准，而你觉得活儿太多或者付出的成本太高了。乍一看，这种关系似乎天然就是矛盾对立的，但对立却是辩证统一的，我们可以把世界上的很多关系都理解为“合作”，如适当的竞争就可以看作一种合作。

在体制内工作的人应该会感觉，个人的职业发展在很大程度上取决于上司是否赏识和重用，因此很多人认为在体制内获得提拔需要有“关系”。那只有体制内是这种情况吗？直到离开体制后，我发现在大型公司或者创业团队，“关系”也是绕不开的，个人的发展在很大程度上受上司影响，取决于同上司的“关系”。学会和上司和谐相处是一种非常重要的能力！

那什么是“关系”呢？“关系”有两个层面，一是工作表现和担当程度，是否能帮上司承担责任和压力；二是同上司的个人关系程度。若两者都能做好，相信“关系”会越来越好。

与上司或者领导之间的第一层合作，是通过完成上司布置的工作，在获得报酬的同时，积累经验、资源，有时候报酬可能不高，但经验和资源是宝贵的。工作了一些年后，如果你觉得确实已经没有成长空间，一直做重复、无意义的工作时，就需要进入第二个层次合作，叫作“向上管理”，即你可以尝试“管理”自己的上级。大部分人把管理看成了权力，但管理的本质，不是头衔和权力，而是资源的争取和调配。在完成工作的同时，用资源争取的方式获得上司的支持，那么你的做事成本就会降下来。当然这个是需要在高超的情商下完成的，如果短期内与上司之间有小僵局，正是锻炼你资源调配和情商的最佳时机。人生无处不僵局，想实现财富人生的你需要有率先破局的勇气和担当。如果在工作上已经能够胜任，在上述两个层次够努力，还无法与上司和谐相处，这时你需要重新评估一下目前的处境、资源以及离开的成本，最终决定是离开还是留下。

业绩主导型岗位提高收入的几个维度

业绩主导型岗位大多与销售相关。

第一维度：提高业绩

销售本身是结果导向的工作。你每一次出门拜访或者线上触达的机会以及你的成功率有多高，都直接决定了你的业绩。如果成功率不高，那就需要在自身技能上下功夫。

销售分几个水平层次，第一层是能基本说清楚产品的特点和优势，用户买单；第二层是能找到对方的需求点，提供一个解决方案，用户买单；第三层是能深刻挖掘对方的需求，动之以情，晓之以理，以产品、服务和理念多维度获得客户信任。

做销售岗位，勤奋是必不可少的，你的活动量比别人大，你的技能也提高得比别人快，但是说起来容易，做起来难。例如，别的销售员一天拜访2个客户，你可以考虑拜访3个；别的销售员一天打20个电话，你就要想办法打50个。这是需要每天实实在在地、持之以恒地付出的。

保持不断学习的心态也是销售人员所必备的素养，因为客户更愿意相信具有广博知识的销售员。

如果以上你都做到了，那么就是销售的最后一关——渠道为王。

有两个报童在同一个小镇里卖着同一份报纸。很显然，他们是相同的市场环境中的竞争对手。

报童鲍伯很勤奋，每天都以洪亮的嗓音挨家挨户地叫卖，常常是汗流浃背，但是他的报纸销量不高，鲍伯很苦恼。

报童丹尼也很努力，他不仅每天沿街叫卖，还光顾一些固定的场所，向人们直接分发报纸，在天黑之后再收回来。起初，丹尼会损失一些报纸，但是慢慢地，买丹尼报纸的人变得越来越多了，还有一些人专门在那些固定场所等待买他的报纸。买鲍伯的报纸的人变得越来越少，他不得不另谋发展了。①

这就是标准的渠道抢占。滴滴打车推出初期，给司机和乘客每单多达几十元的补贴，滴滴公司的想法和报童丹尼一样，不管盈利还是亏损，先想办法让别人用上自家产品，继而发展为只用自家产品，等到企业变成“寡头”之后，再考虑利润。

综上所述，如果你是销售，可以从勤奋度、成功率、学习心态和渠道这四个方向去重新剖析和审视自己。

第二个维度：销售管理

你自己干得好了，还得想办法带领团队，无论是汽车销售，还是房产中介等，到一定阶段，都不能单打独斗，还得能带领一支队伍，把你的经验传授给他们，使他们能像你一样战斗。这也是获得被动收入的一种方式。被誉为“华尔街之王”的黑石投资集团创始人苏世民在一本书②中提到，黑石不光要培养“运动

① 资料来源：根据网络资料整理。

② 苏世民.苏世民：我的经验与教训[M].北京：中信出版社，2020.

员”，还要培养“教练员”，道理都一样。

综上所述，你需要有一个自己的职位晋升或者业绩提升计划，并给这个计划一个阶段性的目标，如一年内我想要达到什么样的水平，五年内我想要获得什么样的职位，收入达到什么等级。首先分析达到这些需要具备什么样的核心技能或者职称，然后去主动有针对性地提高。

最后，要总结自己的弱点，并及时调整计划。人无完人，你应该对自己的弱点有所了解，并适当性地改进，以便成就更好的你！

什么才是真正的高情商？

社会发展从工业时代到信息时代，对人的能力需求也在发生变化。改革开放之初，很多产业都处于萌芽状态，这时候，谁对事物的理解和反应够快，谁有胆识，就能在市场上胜出。如多会了一种语言，能够做进出口贸易，就有可能赚到一大笔钱。随着信息时代尤其是未来人工智能时代的到来，简单的信息优势已经不能够给人创造财富，与人打交道的需求越来越大，这时候情商的重要性变得突出。因为与人打交道和控制情绪的能力，不能被机器所取代，很多事其实是由人在背后起决定作用的。那么，到底什么是高情商呢？情商，最直接表现在说话上，就是在各种场合，能说出让大家或对方都觉得舒服、很好接受的话语。例如，高情商的上级会跟下属说，“来，我们来把这件事一块儿努力做好”，而不是生硬命令式地要求下属做某件事。

总结起来，我觉得情商，主要体现在以下几个方面。

不在言语上战胜别人

言语的作用是交流和沟通，用于了解对方需求，表达自己的观点，从而解决问题或获取帮助。即使观点相异，也可以通过相互了解、融合、探索和修正，形成新的观点。

富兰克林说："永远不要正面违拗别人的意见。"当别人发表了自己不认可的观点时，必须制止自己直接驳斥的冲动。可以先进行肯定，举出对方值得商榷的地方，谦和地提出自己的看法和意见。如果上来就要和人争辩，指出别人的错误，只会让别人难堪，自己难受。人都倾向于认为自己是正确的，但语言是用来沟通的工具，不是取胜的武器。

看他人长处，学会赞美他人

见贤思齐，见不贤则自省。每个人都会有优缺点，要多看到他人的优点进行学习，并学会在具体细节方面予以赞美和肯定，也是高情商的表现。如果他人确实有不足之处，建议私下真诚地提出来，而不是不留情面地直接批评和指责。

看人长处，赞美他人，这种能力也是需要培养和训练的。如果认识一个人后，主动去寻找他/她的闪光点，这个闪光点就会成为你的第一印象，你自然会对他/她友好，甚至时不时地表现出赞美之情，你的人际关系也就逐渐打开，人缘会很好。如果只盯着一个人的缺点，情况就会相反，在日常相处中，就会发现交流合作不是那么通畅和愉快。

敢于破僵局，给人下台阶

每个人在生活过程中，都会碰到大大小小的僵局，大到同事之间职位、奖金的竞争，小到因为一两句话造成谁心里不舒服，我都把这称之为僵局。僵局的产生不可避免，这时候就需要主动做破局者，为他人留有余地，给人下台阶，缓解和疏通紧张的关系。

记得电视剧《大侠霍元甲》里面有个情节，有人摆擂台挑战霍元甲，霍大侠却之不恭，只能上场，但故意用对方的招式与之切磋，再换用自己的霍家拳战胜对方，结束后谦逊地说自己原本的招数不如对方，就是因为自己突然转变拳风，对方不适应才能险胜。照顾到对方感受，又证明了自己实力，是真正的大家之风！

掌控自己情绪，不把自己当回事，把目标当回事

很多人在做事过程中，容易因为别人的态度或者暂时的困难，情绪波动，影响做事的进程和效率。比如拜访客户遭到拒绝，有人会觉得气馁难过，有人觉得稀松平常。情绪是与生俱来的，但人要注重把控自己的情绪，尽量不让外界事物的变化轻易影响到自己的情绪，尤其是注意排解负面情绪。要学会以目标为导向，更多关注做事的方法和策略，把面子和情绪抛在脑后，得意时淡然，失意时坦然。能把不满和抱怨戒掉的成年人，一定能

在事业上有所成就。

情商高的最高境界

俞敏洪说，一个人如果八面玲珑、能说会道，特别会来事儿，并不是情商高。真正的情商高，是这个人能够被人无限的信任，也善于把好的东西分享给他人，在他人有困难时也非常愿意伸出援手，这样的情商才能使自己在一群人中，永远不会被排斥。八面玲珑，能说会道，精通各种人际交往的方法技巧，是“术”的层面；而道德层面是人品，是德性，是智慧，是真诚，是将心比心，是利他之心。

深以为然！

附表3　职位技能提升目标与计划

<table>
<tr><td rowspan="9">现状描述</td><td>企业名称：</td><td>核心产品：</td></tr>
<tr><td colspan="2">企业核心岗位：</td></tr>
<tr><td>目前所在部门与职位：</td><td>KPI：</td></tr>
<tr><td>绩效自评：</td><td>月收入：</td></tr>
<tr><td>老板个性：</td><td>直接上级个性：</td></tr>
<tr><td colspan="2">同事关系：</td></tr>
<tr><td colspan="2">主流文化：</td></tr>
<tr><td colspan="2">激励制度：</td></tr>
<tr><td colspan="2" style="display:none"></td></tr>
<tr><td rowspan="2">职业目标</td><td colspan="2">时限：</td></tr>
<tr><td>职位目标：</td><td>收入目标：</td></tr>
<tr><td rowspan="3">行动计划</td><td colspan="2">职位晋升和业绩提升计划：</td></tr>
<tr><td colspan="2">相关职业技能、职称提升，岗位核心能力学习计划：</td></tr>
<tr><td colspan="2">自我言行弱点与改善调整计划：</td></tr>
</table>

如何找到适合自己的副业

你有没有发现，现在的聚会，往往大家都不是很熟悉，大部分都是“朋友带朋友”来聚会。在这种弱关系的聚会中，大家都要进行简单的自我介绍。我有一次去参加朋友的一个弱关系聚会，发现很多年轻人在介绍完自己的工作后，还会特意加一句，“我的副业是……”。

主业和副业其实是个相对的概念，从财商的角度看，我们要鼓励自己有多项收入渠道，未来行业的变化实在太快了。最显而易见的例子是司机，未来智能驾驶是趋势，司机慢慢会被取代。那你应该尽快有个副业，然后慢慢想办法转移事业重心。

那到底应该怎样找到适合自己的副业呢？首先你需要知道副业有哪些，按照从易到难的层级，在这里我们先分个类。

你适合哪一种副业？

贩卖时间类

这一类是单纯消耗业余时间来赚钱的工作，如送快递、送外卖、代驾、促销员等工作。只要你花费了时间，就能有收益，很简单直接，但是技术含量低，会比较辛苦。如果你有一技之长，不建议首选这类，实在没得干就从这类慢慢起步。

小A来北京三年了，一直是便利店的收银员，每天工作7小时。不饱和的工作让他有了一些闲暇时间。后来经朋友介绍，他在工作之余成为一名外卖骑手，每天20单的外卖工作也带来了100多元的收入。他的想法很简单，干上几年就能买辆车接网约车的活，比外卖骑手挣得更多。

技能类

例如，摄影师、收纳师（前段时间网络上还报道的，属于新兴职业）、设计师、心理咨询师、翻译、简历指导师，就是用你的某项技能，直接去帮助他人或为他人服务。

小C年近40岁才随丈夫来到上海，学历不高也没有工作经验的她觉得自己迟迟融入不了这个大城市。同乡的小姐妹给她介绍了保洁工作，每天工作繁重，也就赚200元左右，实在入不敷出。最近这几个月，她报了目前很火的收纳师课程，一边学习一边帮保洁客户整理，积累经验，收纳师的收入逐渐超过保洁工作的收入。

小D是一名HR，朋友找工作时经常请她帮忙修改一下简历，发现HR的角度确实和别人不一样，简历被优化了不少。于是朋友建议她可以帮别人代写或修改简历，提供面试指导，一份收费200元左右。这些都是她擅长的，而且也很有市场，小D干得不亦乐乎。

培训类

如健身教练、球类教练，乐器教练、游泳教练、驾驶教练、舞蹈教练、家庭教师等，也就是说你首先有一项技能，你的优势就是比专业机构收费低，更用心，靠口碑慢慢积累客户。

小E是英文专业的毕业生，毕业后一直在翻译公司工作。月薪12000元，对于在北京生活的他来说还是有些局促，怎么才能多挣点钱呢？他在网上的兼职招聘中找了几份家教工作，一边辅导高中生英语，一边巩固和提高自己的英语水平。就这样，每月可多赚3000多元。

小F是驾校的老师，月薪8000元，总觉得不满足。于是，他利用下班的时间开展了“陪练”业务。很多他的学员拿到驾驶证后还雇用小F进行“陪练”，一次“陪练”费也得有几百块，这可太合适了。

自媒体性质类

如果你文笔好，你可以开公众号，写有价值的资讯和内容；现在短视频非常火，你可以拍摄视频或者做直播，慢慢积攒粉丝，到一定程度后，可以通过广告和“带货”赚钱。但自媒体类的副业的要求其实是很高的，关键在于持续输出有价值的东西。

小H是一家健身房的私教，由于多年的工作经验，积累了一些老客户，收入还算不错。可随着疫情的到来，健身房也关门了，这可把小H愁坏了，怎么办呢？偶然的机会，他做起了线上私教。每天，他都会拍一些短视频，同时直播带粉丝一起锻炼；

在线上分享一些运动方法，同时销售一些蛋白质粉。没想到，几个月下来，收入就远超原来私教的工资了。

“小微”创业类

如你开设一家奶茶店、民宿、咖啡店、网上淘宝店、“红娘”组织等，如果是和朋友合伙经营，要有合理的分工，还要有主理人，这个有点创业性质。

小J不善言辞，在同事眼里也是标准的“IT男”，但他技术过硬，一般人写一个月的代码工作他只用半个月就能写好，且错误低。于是他的朋友找上了他，提出在下班之后帮他接点“私活”。小J爽快地答应了。两年工夫，小J竟然攒够了在北京的购房首付款。

干好副业的步骤

副业刚开始的时候，宜精不宜多，从你自己熟悉的领域开始，找找商业感觉。

首先，要清楚地知道自己选择副业的目的是什么。如果只是想挣钱，那么，钱多的、自己能够胜任的工作就可以，虽然可能会很累，但是很值得；如果主要是为了锻炼和提升自己，那就不要怕苦和累，钱少点也没关系。

其次，要有坚持下去的决心。任何工作都是非常辛苦的，副业也是如此。本职工作可能已经占据了你很多的时间和精力，要从事副业，应当做好应对辛苦和疲惫的准备。

最后，既然下定决心要做副业，就要留心身边的机会，抓住机会，为自己增加收入。

以上这些都想清楚了，接下来就需要开始干，第一步，就是要打磨你的产品模型。例如，你想教授健身课，就要先找几个朋友试课，让他们给你提建议，应该在哪些方面改进，能接受什么价位。产品如果能打磨到一个人体验后，愿意推荐给另一个人，就可以勇敢地推向市场了。

打磨好产品后，就要开始销售。在商业环境中，销售是个特别重要的环节，几乎与产品研发等同，你会发现很多公司的老板就是一个大销售家。

如果你能持续获得客户，那你的副业基本是靠谱的。接下来要做的就是坚持，坚持才有可能有持续客户和稳定现金流，对你后面的财务规划有很好的补充作用。副业到了一定规模后，你需要考虑是否需要切换主业和副业，这取决于你对生活的预期和事业的追求。

附表4　副业收入目标与计划

<table>
<tr><td rowspan="3">关键亲属</td><td>姓名</td><td>关系</td><td>爱好与专长</td><td>从事行业和相应资源、能力</td><td>最高职务</td><td>联系方式</td></tr>
<tr><td></td><td></td><td></td><td></td><td></td><td></td></tr>
<tr><td></td><td></td><td></td><td></td><td></td><td></td></tr>
<tr><td rowspan="2">密友</td><td></td><td></td><td></td><td></td><td></td><td></td></tr>
<tr><td></td><td></td><td></td><td></td><td></td><td></td></tr>
<tr><td colspan="2">我的爱好</td><td colspan="2"></td><td>我的专长</td><td colspan="2"></td></tr>
<tr><td colspan="2">我的资源</td><td colspan="5"></td></tr>
<tr><td colspan="2">拟选择的副业及方法</td><td colspan="5"></td></tr>
<tr><td colspan="2">副业收入年度目标</td><td colspan="5"></td></tr>
<tr><td rowspan="4">我的副业启动计划</td><td colspan="6">主要困难：</td></tr>
<tr><td colspan="6">第一步：</td></tr>
<tr><td colspan="6">第二步：</td></tr>
<tr><td colspan="6">第三步：</td></tr>
</table>

Part 5

如何开始尝试创业或者自由职业

创业真的维艰吗？

之前我们说到，实现财富自由的方式有两种，其中一种就是通过创业或者联合创业，来实现较高的收入回报。我国在2015年就提出“大众创业、万众创新”，创业成了时兴的就业方式。现实中，很多创业者确实是有梦想、有技术的“潜力股”，但是也有不少的是追随潮流。关于创业的书有很多，也有很多自媒体讲得很好，本书希望用最通俗的语言，在底层逻辑上给出一些建议，至少使你不会犯低层次的错误。

那么创业应该如何开始？有哪些需要注意的呢？

创业分两种，一是做自由职业者，二是做企业。自由职业者能创造利润养活自己，也算一种微创业，可以逐渐做大，再做成企业。

企业创业一般不会一帆风顺，特别成功的企业是凤毛麟角。创业经营考验的是对企业的综合驾驭与掌控，这也是一种隐形财商，需要先天因素和后天努力的共同加持和作用，而创业团队只有通过在实战中砺练，才能发现并解决一系列问题，这也是通向成功的唯一法门。

你真的想好走这条艰难的创业之路了吗?

创业维艰！在创业之前，先要想清楚，创业需要具备做事、做人的全方位能力，不是光看到那些企业家的光环就可以的，也不是获得某个人的好评就能过关的，而是真正要面对市场，面对结果，至少要做好资金、心态、身体等方面的准备，然后一点一滴的脚踏实地开始。这又回到之前的话题，在创业之前，一定要对自己有个相对客观和充分的认知，知道自己擅长什么，能做什么，同时更要知道自己不擅长什么，不能做什么。

刘邦带兵打仗，阵前犹豫。他意识到这个问题后，跟谋士张良说，你是聪明人，你来带兵吧。张良推辞了很多回，说自己只能运筹帷幄，却不善于杀伐决断。直到刘邦生气，张良才迫不得已带兵出征。果不其然，出征了三次，输了三次。

后来，刘邦启用韩信，在张良和韩信的配合下，屡战屡胜。这时，刘邦又坐不住了，为什么韩信行，我不行，我也得再试试。结果又带兵出征两次，还是输了。自此，刘邦就明白了：我只负责告诉他们要打哪里，至于谁去打、怎么打，还是让专业的人来做。

现在也是一样，房地产企业的老板绝大多数连和水泥都不会，但是他能买地、盖房、卖房，挣的是工人的上万倍不止；有的互联网公司的老板不懂计算机代码，但是他能把这些代码变成价值，并把价值放大千万倍。

我们首先要对自己有一个清晰的认知，知道自己擅长的领域和不擅长的领域，然后带着与自己互补的团队，不断往前走。

小米创始人雷军曾总结出创业必须遵守的十条原则：

（1）能洞察用户需求，对市场极其敏感；

（2）志存高远并脚踏实地；

（3）最好是两三个优势互补的人一起创业；

（4）一定要有技术过硬并能带队伍的技术带头人；

（5）低成本情况下的快速扩张能力；

（6）有创业成功经验的人加分；

（7）做最肥的市场；

（8）选择最佳的时间；

（9）专注、专注、再专注；

（10）业务要在小规模内被验证。

对比以上，看看自己能做到几条，如果能做到五条以上，我觉得就可以开始尝试。结合以上原则，我们可以具体讲一讲创业要做的准备工作：

· 首先需要搞清市场需求，痛点到底在哪里？

· 上述是不是伪需求？市场规模到底多大，目标群体是谁？在哪里？

· 怎么找到目标群体？

· 要拿什么来满足市场需求？

· 自己有哪些能力或者产品可以帮助满足市场需求？

·为什么由我来满足这个需求比较有优势？

·打算分为哪些步骤开始实施？

如果没有想清楚这些，为了创业而创业，恐怕很容易碰壁。当然碰壁也不怕，做好成本控制，勇于尝试是第一步，是值得鼓励和支持的。

有了上面这些初步准备，你要分析一下自身优势。

·我的优势有哪些？

·如何才能有效发挥出我的最大潜能？

·为什么这件事情我来做能成，有个更有钱的组织来做这件事怎么办？

围绕这些思考，你才能打造核心竞争力，实现长远发展。刚开始创业，别总想挣快钱，只有踏踏实实地发挥你的优势和长处，让你的项目持续成长，由量变到质变，生意自然会一步步从小变大。

我自己的创业实践之路

我正式创立的第一家公司，叫作“美行者亲子游”，是因为有孩子以后，我不知道周末或者假期去哪里玩。北京的房子普遍小，我们考虑到有孩子的家庭普遍都有出行的需求，而且作为曾经的教育工作者，我认为孩子在旅行的过程中，能收获成长，因此公司的广告语是“美好的教育，行走在路上”。2016年，“美行者亲子游”微信公众号兴起不久，我和爱人就带着孩子逛遍北京的各大亲子机构和场所，然后运用过去的积累，从第三者的视角用详尽的图文将出行的经历和感受展现出来，慢慢积累用户。后来发现自己忙不过来了，就找合作伙伴和体验师一块做，继续积累用户，在这个过程中同商家谈一些优惠合作和推广活动。就这样，经过持续的坚持和积累，“美行者亲子游”变成京城小有名气的独具风格的亲子出行平台，获得了各大亲子机构和用户的欢迎。然后又开拓视频号、抖音、小红书等“遛娃号”，形成媒体宣传矩阵，建立自身在亲子领域的影响力。

疫情对旅游行业的冲击特别大，我们又开始构建私域流量，持续为黏性用户推荐各类家庭用品，现在“美行者采子游”已经成为一家稳定的有正向现金流的公司。

在创业的具体实践过程中，一般最开始需要关注三个关键问题：如何找项目、如何找人，以及如何找钱。

如何选择适合自己的创业项目

万事开头难，就近找项目

要从自己身边找项目，不熟的项目不要盲目做。创业成功需要有一定经验积累，突然进入一个自己并不熟悉的行业，会让失败风险骤增。如果你想进入一个自己不熟悉的行业，可以先打工，积累经验。

在找项目时，人脉有时比资金要重要，人脉也是一种信任和资源，在你早期刚起步的时候，需要身边的人帮你一把，这个很容易理解。开个店，你总是希望自己的朋友来光顾一下；经营一个自媒体账号，总是先让身边的人关注。

对于很多创业者来说，最主要人脉是上游供应商和下游客户群。当有相熟的供应商能提供很好的货源和有竞争力的价格的时候，你可能会想到创业，你了解这些供应商，把他们的需求变成你的创业项目；或者你认识的很多朋友对某个品类的产品有很大需求的时候，你会有自己干的冲动。关于互联网的很多创业，大多经历过提想法，做出模型，想办法融资，再升级产品，获得用户，归根结底要看你的盈利状况和对用户的价值。

总体来说，找创业项目，要根据自己的特长、优势和资源来考虑。很多人创业会从代理、加盟、贴牌或挂靠，给其他企业做配套项目干起，这样做的风险相对较低，不失为一种很好的方式，你可以通过各种加盟网站了解一些项目，如餐饮、美容美发、足疗按摩等连锁机构都是这样的模式。加盟商既是老板，又当员工，对自己负责，都是很好的尝试。直接自主开发新项目，对人的要求以及风险系数都要高得多。

对于新手来说，一定要调整好心态，别想着第一次创业就能够大获全胜，立马能实现一个创业神话。大部分人开始创业是因为一种直觉或判断，如某个潜在市场很大或者某个产品能够填补新市场空白，这种直觉或判断很好，但要创业成功，这远远不够，还需要市场调研、需求分析、行业趋势分析、最小化产品验证等。创业是一项系统工程，创业起步期需要考虑太多因素和准备，但也有规律和方法可循。创业不适合所有人，它是一种综合要求很高、难度很大的就业方式。

如何选择一个适合自己的好项目？

低成本、低风险、轻资产是多数人的首选

新手起步缺什么？缺的太多了，钱少、人手不够、资源不足、专业经验可能很匮乏……基于此，成本高、操作难度系数大的行业，一般都不适合新手创业。

假设你想开一家奶茶店，算上房租、水电费、货品费用、人工费用，最少也得准备个十来万元。你还得同周边的许多店一起竞争，你有哪些优势？是位置优势还是奶茶本身的优势？这还不如在闹市中摆摊位来得实在，门槛低，人流在那里，就看能否抓住。“地摊经济”解决了很多人的就业，但是很多人不愿意做“地摊”，认为“跌份儿”。

小A毕业了，发现没有什么适合的就业机会，于是在家人的资助下与几个朋友合作开办了一家工厂，做文具的供应链批发，仓库库存几个月就到了80万元。

虽然有库存，但一开始还是赚钱的，可一年过去后，原来的老文具被新的产品所替代，这可麻烦了，成了一仓库的“积压货”。几个人努力了好几个月也没销售出去，只好当废品卖掉。小A也和朋友们一哄而散，另寻出路了。

既然创业了，一定不是比门面谁大，比谁光鲜。如果你实在不愿意“从低做起”也没关系，那么就尽量避开传统行业，因为传统行业往往过于成熟，在这个行业中的熟手和竞争对手太多，新手往往会被“割韭菜”。实在要尝试，可以考虑一些不用压货、用你自身技能就能起步的店面，如小型的加盟店等。有了小型的创业尝试，你慢慢会建立一种创业思维和意识，包括真正对结果负责、怎样去拓展渠道、怎样去做销售等，这些对于日后再连续创业都是很有意义的。

选择自己熟悉的领域和项目

各行各业都有其运行的规律，如果不加以调研就贸然投入资金，一般很难成功。若你没接触过餐饮行业，看到别人开个湘菜馆生意不错，加上自己手上有些钱，立马租个大地盘大搞装修开张，到后头多半会亏损。很多百年老店，都是从一家小作坊开始的，最初是街坊邻居来光顾，再一点点地扩张。

我在2012年曾经开过绘本馆，在2017年开过民宿，都是看别人做起来很容易，加上门槛又不高，很快就投入一定资金和人力。这些门店开起来不难，但是运营起来难，需要不断拉新、宣传、找客户，最后都不算成功，好在进行了成本控制，最大的收获就是积累了一些创业的经验。

实体店一般都有前期的房租、装修等投入，哪怕就是现在的自媒体、直播等看似红火的领域，前期实体投入似乎不大，但我还是建议先到这样的公司工作一阵子，用老板的思维去工作，尽可能地了解更多的背景信息和掌握核心资源，再稳扎稳打也不迟。

原来说三百六十行，工业时代下的变革衍生出了三千六百行都不止，如果想创业，就不要心急，静下心来慢慢找到最合适的创业机会，再为之付出努力。

如何找到合适的合伙人

关系好就能够成为合伙人吗?

在这个竞争激烈的市场环境中，个人单打独斗成功的可能性越来越低了，寻找合作伙伴是创业过程中重要的一步。雷军讲，创办小米的第一年，80%的时间都是在找合伙人团队。[①]

在创业过程中，合伙人和你在一起的时间可能比你和家人在一起的时间还要多，要用找伴侣的标准，去发掘与你惺惺相惜的人，经过一段时间磨合，才能知道对方是否适合你的项目。

合伙人应该怎么找?找兄弟、朋友、亲戚固然可以，但一定不能只因有情谊而合伙。著名投资人、真格基金创始合伙人徐小平有一句著名言论——不要用兄弟情谊来追求共同利益，而要用共同利益追求兄弟情谊。意思就是不能因为和谁关系好，认为刚开始不用分得太清楚，导致权责利不明，且不说这样很难创业成

① 《雷军：小米创办的第一年，我80%的时间都在面试，就是为了找到那些不需管理的人》，https：//business.sohu.com/a/500929355.121123735。

功，即使做成了，后期也很容易因为意见不合或者利益分配不均而分道扬镳。

合作伙伴之间应该具备什么样的原则呢？

共同的价值观

这一条我们经常会听到，但在创业过程中，到底什么是共同的价值观呢？共同的价值观，就是有共同的道德品质和思维方式，如利他精神、能够理解他人和换位思考、担当责任意识、契约精神等。这些看似不能量化的东西非常重要。新东方创始人俞敏洪当年去美国邀请北大同学徐小平、王强一起创业时，他们为什么同意？俞敏洪说是因为他们记得当年上学时，俞敏洪每天给同宿舍同学打热水，水用完了，有时同学甚至会使唤他去打热水，就这样，俞敏洪打了4年热水，他们认为这样一位同学邀请合伙，应该不会忽悠他们。

小米雷军在不同场合说过，小米刚成立的第一年，最重要的事情就是找人。小米刚开始的几个创始人都来自互联网行业，而手机生产涉及硬件，搭建硬件团队至关重要。在遇到小米负责硬件的联合创始人周光平前，起初的几个创始人已经和多个候选人谈了几个月，但进展很慢。有的人还安排“经纪人”来谈条件，不仅要高期权而且还要超高的福利待遇。转机是周光平的出现，雷军和周光平第一次聊了一个小时就敲定了，最主要的原因是二人有共同的价值观和目标，因为周光平曾说做最好的手机并且以成本价售卖，是他的夙愿。[1]

在找合伙人的时候，如果对方主要关注你做的这件事，一块去设想未来，他就是比较好的合伙人人选。如果他特别在意和关注当下的待遇和得失，那你也就需要重新考虑了。

合伙团队要能力互补、股份比例要合理

一般来讲，创业可大致分为产品研发和市场渠道，一个负责生产，另一个负责销售。负责生产的最好要善于和喜欢研究，琢磨怎样按照用户的需求把产品做到极致；负责销售的要善于与人打交道。在找合伙人的时候，最好按照需求去找人，而不是身边有什么人闲着，不管他会啥，就凑合一块干。能力上来讲，要能互补。如果你是偏外向型的，喜欢做市场开发类的工作，那最好要找个能够钻研产品的合伙人，如果你手头已经有个不错的产品模型，那就要找一个善于开发市场或者有一定渠道资源的人。一般来讲，创始团队主要成员3~4个人为合适，最好有一个人作为核心，他在能力和资金、资源上都应该有优势。关于团队成员之间股权设计，不是简单地按照出资比例或者能力大小定个数就够了，而是要拆分指标，进行量化计算和设计。比如可按创始人身份、岗位权重、资金投入以及全职兼职进行划分，确定各项权重，再计算成员在各项贡献度，最后得到一个比例。一般还需要有成熟的退出机制，应对日后各种变化。很多初创者早期资

① 黎万强.参与感：小米口碑营销内部手册[M].北京：中信出版社，2014.

金匮乏，觉得谁出资多就一定占更多的股份，但出资多的如果能力和贡献跟不上，日后很容易产生矛盾，因此出力、出钱一定要对应。

在现实中，我经常看到，团队中的某个成员，因为在行业中地位高，资金足，资源多，占了过高的股份比例，但在实际创业过程中，又不干活，干活的人就会变得越来越被动，这是特别要注意的。如果谁有资源，一开始能拿到订单，但无法参与到公司的运营和管理来，那就按照提成奖励的方式兑现即可，不用加到公司合伙人的系列里来。

如何找到启动的钱

用自己的钱还是别人的钱?

创业找钱是非常重要的事，在一开始只有一个想法的时候，你本人、家庭、朋友往往是最主要的资金来源。哪怕是自己的钱，最好也要设定一个线，公司是公司，家是家，初期投入多少钱，万一不行有可能再投入多少，有个大概的计划。不是先干着再说，要钱到时候再凑，没有统筹规划往往最后会是一团糟，甚至出现资金链断裂而失败。我建议先用自己的钱度过初始的阶段，因为用自己的钱开始创业的时候，会认真对待每一个环节，不断思考成功的可能性，也会比别人更加投入和专注。企业进入创始期，有一定的模型和产品后，你可以去找天使投资、政府扶植基金、科技孵化器等其他资金来源。企业进入成长期，风险投资机构就会进入。企业进入成熟期，各种投行会介入。这里不做后面的探讨，可以看看投资机构的倾向性。

高瓴资本的老板张磊是世界顶级投资人。你不认识他没关系，但你一定认识他所投资的企业：腾讯、京东、美团等数个互联网大厂。为什么他投资一个成一个，越投越有钱，越投越厉害？

张磊说："我要投一家公司，只看四样东西。

第一，创始人有没有格局，格局够不够大；

第二，创始人带的团队有没有执行力，能不能把战略做到精准执行，甚至做到精准到位地完成每一个小目标；

第三，创始人对所属行业有没有专注度；

第四，创始人对自己的能力有没有一个很清晰的边界认知，即知道自己的能力极限，认识自己的能力壁垒等。"①

我们在找钱之前要先审视自己，审视自己的决心与闪光点——如果你是投资人，你会不会把宝押在自己身上？

谁投钱多就一定听谁的吗？

我不建议创业启动的时候通过抵押自己的房产获得资金，这种方式是以牺牲家人的利益为前提，不值得提倡。如果启动时面临资金紧张，而身边朋友比较信任你的项目，那么他们就可以入股的方式投入资金。这里要注意，如果出资方只出资不出力，不能简单按出资的比例来定股比。例如，你想开一家店，需要资

① 资料来源：新浪科技，《张磊的45个投资理念：创业投资最大的风控是选人，投公司就是投人》，http：baijiahao.baidu.com/s?id=1701515634179570831&wfr=spider&for=pc。

金50万元，目前团队成员确实拿不出来那么多钱，而你身边确实有朋友愿意支持30万元，那这个人占的股份不能是60%，这样会损害团队成员的热情，可以考虑上文股份指标计算（这一点很重要！），可以为30%~40%，因为在创业的初期，资金只是一方面，更重要的是创始团队竭尽全力付出实实在在的时间、精力。再次强调，股份设计一定要有退出机制，在创业的过程中，往往会发现有人不适合而退出，也会发现有更合适的人愿意进来，有合适的进出机制对于一家企业的发展非常重要。

初始创业要注意的几个事项

创业前要学会先算账

很多初次创业者，一开始往往是有激情，觉得这个事有奔头，就上手干，这种说干就干的劲儿是可贵的。但有时候如果没有一个算盘账，做着做着就可能坚持不下去了，看不到盈利的项目一般都是难以长久的。

建议创业者要学会先算账，把基本的财务模型做好，在最小化单元模型中能够有利润，才能在可预见的未来看到收益。

例如，你要开一家亲子的游乐场，你可以简单计算装修、设备、租金、人力、办证等一次性投入；然后计算一下运营的成本，包括每个月的房租、人力成本等。这样就能计算出每天需要有多少孩子来玩，门票价格应该定为多少，这样的门票价格是否在周边有竞争力。此外，一般游乐场的目标用户是孩子，孩子平日需要上学，也就是只有周末两天和寒暑假是旺季，通过粗略的计算，就能测算出在理想状况下一次性投入的资金大概在多久以后能够回本。

近年来，民宿一直比较火，很多家庭或者朋友愿意出去郊区住个民宿，比较随意，也能更贴近自然，院子里还能一块儿谈天说地、烧烤撸串。有需求就有供给。在开民宿前，其实也很容易算账，有装修、家具等一次性投入，也有租金、人力、广告、暖气等运营支出，要特别注意民宿的淡旺季突出，一般工作日和冬季无人问津。例如，北京周边地区，民宿冬天很容易关门停业，因为没有客人来，营业收入维护不了暖气、人力等费用，若院子里有私汤温泉或者周边有滑雪场，就会大大增加冬季民宿的吸引力，更有机会盈利。

除了实体店，一些自媒体领域，也需要会算账。很多自媒体创业者刚开始用搞笑娱乐的方式，获得了“粉丝”，但是这些都是“泛粉”，没有在你这里消费的打算，后面极难变现。有些自媒体虽然“粉丝”数不多，但是“粉丝”定位非常精准、黏性很强，变现就容易得多。

算账看似很简单的道理，但是我在实际中发现，经常有小企业业主，对未来的预期没有一个准确的预估，导致经营困难。

投入多，所以我家产品就一定比别人家好?

在创业之初，我们一般都是从消费者角度去了解和看待市场上的其他产品，有时候确实会看到这些产品不如意的地方，尤其是一些日常生活中经常接触到的产品，如亲子活动、餐厅菜品、线上课程等。个人信誓旦旦，如果自己创业，一定会比别人做得好。

我就有过这样的体验。2015年，我从高校辞职创业，做牛羊肉产品。当时觉得我们团队在内蒙古有最好的草场和纯天然养殖的牛羊，牛羊肉品质远远高于市场平均水平。我们认为通过冷链运输，直接将牛羊肉送达消费者，形成口碑并不是难事。事实上，因为我们在传统肉类加工方面缺少经验，从屠宰到肉品分割，都是依托当地的一般工厂，在流水线中造成很大浪费。更要命的是，在加工过程中几乎没有品控，实际品质并没有想象的那么好，再加上运输费用，导致成本比一般市场的高很多，最终项目失败。

在刚开始创业的过程中，很容易产生一种假象：自己的产品比别人家的要好。到底怎么好，也没办法确切地说出来。有时候甚至因为投入多、成本高，导致价格贵了，但并没有在核心竞争力上有重大突破，这是很多初创创业者容易走入的误区。举个例子，我们花10元做了一个杯子，认为卖12元理所当然，但实际上别的商家有可能因为运营和规模效应，成本低很多，8元成本卖9元。这样的情况非常常见。

这里引用担任过多家中央企业董事长的宁高宁先生对战略性产品的论述，[①]摘录如下：

“战略性好产品”的第一个特点是有创新型技术。产品是技

① 《宁高宁：战略性好产品》，中国中化公众号，2022年5月12日。

术的载体，是否有原创技术、升级技术、有专利保护的技术，是本质好产品的首选硬条件。有原创技术本来就不易，再转化为市场认可的好产品则更难，做到了就是根本定义了创新型企业，这是产品与战略的理想结合。纵观中外所有杰出企业无不如此，这是我们向往和努力的目标，也是科学至上的目标。

“战略性好产品”的第二个特点是要有市场容量，能对企业经营起到一定程度的战略定位和支撑作用。小而美的产品也是好产品，但产品整体市场规模小，对市场和企业的战略作用小，需要不断积累才可形成战略力量。

产品是属于市场的，市场需求是产品的前提。市场的特点就是竞争，竞争的表现就是份额，有了份额才有领导力，才有发展趋势的主导性，才有对价格的影响力。

“战略性好产品”的第三个特点是应该有较大的市场份额及由此而来的经济规模和相对低成本，广泛稳定的客户基础是产品的“护城河”。

一个“战略性好产品”可以支撑一家企业。我们要清楚，所谓“战略性好产品”绝不仅是对自己企业好，更重要的是对客户好，为客户创造了价值。

附表5　创业目标与计划

<table>
<tr><td></td><td>姓名</td><td>关系</td><td>爱好与专长</td><td>从事行业</td><td>最高职务</td><td>联系方式</td></tr>
<tr><td rowspan="3">亲属</td><td></td><td></td><td></td><td></td><td></td><td></td></tr>
<tr><td></td><td></td><td></td><td></td><td></td><td></td></tr>
<tr><td></td><td></td><td></td><td></td><td></td><td></td></tr>
<tr><td rowspan="3">好友</td><td></td><td></td><td></td><td></td><td></td><td></td></tr>
<tr><td></td><td></td><td></td><td></td><td></td><td></td></tr>
<tr><td></td><td></td><td></td><td></td><td></td><td></td></tr>
<tr><td colspan="2">我的爱好</td><td colspan="2"></td><td colspan="2">我的专长</td><td></td></tr>
<tr><td colspan="2">我的经历</td><td colspan="5"></td></tr>
<tr><td colspan="2">资源总结</td><td colspan="5">我最重要资源所在的领域是：
我可以利用的资源是：</td></tr>
<tr><td rowspan="6">我的创业计划</td><td>年度目标</td><td colspan="5">起止时间：　　从事行业：
目标表述：</td></tr>
<tr><td>业务模式</td><td colspan="5">客户需求：　　产品服务：
市场选择：　　推广手段：</td></tr>
<tr><td colspan="6">主要困难：</td></tr>
<tr><td colspan="6">第一步：</td></tr>
<tr><td colspan="6">第二步：</td></tr>
<tr><td colspan="6">第三步：</td></tr>
</table>

Part 6

如何对收入进行分配

我们的钱都花在哪里了?

前面我们分享了提高主动收入的方向、措施和计划，经过一段时间的努力，你的收入或多或少会增加，如果你很轻松地把增加的收入花了，那就跟从前一样，财富并没有积累。我们的钱到底去哪了呢?

小A刚开始工作的时候，月薪只有4500元，这收入勉强够日常生活的支出。后来月薪升至8000元，一个月下来，竟然一分钱没剩下。小A冥思苦想了好久，决定建立一个“花钱档案”，对每天的支出做一个详细的列表，根据一个月的记录分析问题所在，看看钱到底是如何花的。

结果非常直观：小A每周都要从北京去东北看女朋友，坐火车一个来回，是一笔不小的支出；买两身衣服花了1000多元；与同事周末泡吧花了1000多元；分期买了一个新的游戏机……小A的一个月工资就是这样花光的。

小A终于明白了，钱挣得再多，不控制欲望，都不够用。

在生活中，还有很多像小A这样的人，有的人工资比小A还要高，但是依旧每个月都是赤字。他们一听到攒钱就开始犯难，认为自己的收入本来就不多，还要从薪水中拿出一些来储蓄，几乎不太可能。

有些人还会说，收入是增加了，但要花钱的地方太多了，还是不够用，哪还有钱做投资呀。诚然，钱不够是我们永远要面对的一个难题，哪怕年薪百万元，依然会有这种感觉，关键是我们要如何去分配和管理钱。

为什么我会比别人花钱多?

为什么我们在同样一个城市生活，在收入差不多的情况下，有人花得多，有人花得少？这除了与节俭有关，跟消费观有很大关系。消费观会指导我们哪些东西值得买，哪些东西没有必要买。

花钱，一般来讲有这样几个目的。

第一个目的，花钱是为了满足生理和生存需求，即买来的物品或者服务是以功能性为主的，如我们日常的衣食住行，很多开支是必不可少的。在这些必需品方面，如果经济不是很拮据，可以稍微追求品质一些，良好品质能够给人更好的体验，也能让人省心，节省很多精力和时间。如一把品质良好的牙刷，可以让人有清新的口气和整洁卫生的口腔；一双舒适合脚的鞋子，可能使你在职场更加勤快，从而比别人多一些工作机会；一套合身的正装，能让自己在商务场合更加自信从容；一个不卡顿的手机，能让你提高工作效率；适当地进行皮肤或者身体保养，能让身心更加健康。现在是物质充裕的时代，相信只要稍微花些心思，总能找到性价比合适的、满足功能需求的商品。

第二个目的，就是花钱满足情绪。我觉得人和人之间花钱多少最大的差别就由此产生。不知道你有没有这种情况，实际家里囤着的面膜已经有很多，但看到某直播平台的面膜又忍不住下单；看到同事买了一个奢侈品，觉得自己也好想要一个；最近加班有些多，周末放假了去商场狠狠刷了几单大件。这些都是为情绪买单，消费会给人带来短暂的快感，但又可能是比较浪费的，因为消费所产生的愉悦感往往不持久和不充实。人闲了或者有不良情绪的时候，往往就有消费的冲动。要想在这个部分少花钱，就应该有良好的情绪。我在这里建议，一定要找到自己热爱的事情，最好是事业，如果事业上确实比较难改变，那就最好有一个爱好，特别倡导有某项体育爱好，既能锻炼身体，让自己处于积极的身心状态，还能结识一帮朋友，其乐无穷。这样日常的情绪能够得到很好的处理，而不需要通过消费来解决。除此之外，消费还跟自己银行卡里的活期存款数额有关系，数额大了，人的安全感足了，就会很容易动消费念头。整个社会也在鼓励消费，但是消费过多可能以后痛苦也会多了。因此，如果你的收入都是放在活期存款里，那你的消费很有可能是有削减的余地的。

第三个目的，花钱是为了学习、锻炼和提升认知，如买书、加入读书会、知识付费、参加一定的社交活动、旅行等。在这个日新月异的时代，尽可能地使自己成为终身学习型的人是明智的，那么花钱学习和提升认知就变得尤为重要。例如，可以设立每月250元读书基金，买一两本好书，或者在线听书，或者加入一些学习型组织，参与有效社交，对某个行业领域进行探讨交流，不断优选朋友圈子，都是很好的做法。在你早期收入不高的时候，哪怕你把收入的20%以上投入这方面，都是值得的。

巴菲特曾被人问，如果仅选择一只股票来对抗高通胀，应该怎么选择？巴菲特没有直接回答。他说："你能做的最好的事情就是在某件事情上做得特别好，不管有没有经济利益，人们会给你一些他们生产的东西来换取你能提供的东西/技能，最好的一项投资就是投资自己，做自己擅长的事情，成为对社会有用的人，就不用担心你的钱因为高通胀而贬值了。"

因此，如果能把第二项为情绪买单的钱花到第三项，相信假以时日，你的收入状况很快就会发生变化。

第四个目的，花钱是为了做一些资产配置，就是钱不放在一个篮子里。有些钱就是日常消费使用；有些钱是要为自己和家人做保障配置，做家庭财务规划的基石配置的；有些钱是要做投资尝试的；有些钱是可以和身边朋友创业尝试的；等等，后面还会详细再阐述。

当你看清以上花钱的本质后，你就会比较从容，知道自己在哪可以投入。

储蓄真的很难吗？

人们往往错误地以为，“等我的收入提高了，拮据的状况就可以改善了”。事实是，我们的生活成本会随着收入的增加而增加，我们的欲望会随着收入的升级而升级，因为我们总觉得“生活太苦”，提升生活质量的诉求一直存在。储蓄的动作与收入无关，与习惯有关。

曾经有记者对繁华商业街街头的20位时尚女士进行了采访，问题是：你现在的消费水平比两年前多了多少？

小A：“吃喝上没多太多吧，主要是房租贵了，之前租的房子4000元，今年已经5500元了……除了房租，各种花销也都涨价了，咖啡还贵了呢！算下来一年得多出2万元。”（日常开销）

小B：“这两年热衷于滑雪，每年也得花上三四万元，这不，我还拿着刚买好的护目镜，过两天还和朋友约好了去看新的雪板。”（爱好开销）

小C：“去年我开了个玩具店，生意还不错，今年也买房了，可压力更大了，现在每个月玩具店的租金15000元，房贷都8000多元，进货采购还需要各种现金流，头疼啊。”（投资开销）

小D："今年我24岁了，朋友啊、同学啊都陆陆续续开始结婚，有的还生娃了，一个月光随礼也得有个两三千元，全是不必要支出。"（非常规开销）

……

随着工作经验的增长，我们的收入普遍逐年上升，但支出也水涨船高，要靠挣得稍微多一些存下钱，基本是不太可能的。如果我们一味追逐这样"放飞式"消费的状态，在前期挥霍了太多，恐怕很快会进入被动的窘境。

小E刚刚大学毕业，是一个十分优秀的小伙子，既有远大的理想，又有过人的能力，他的目标很明确：希望在30岁时能攒够50万元，作为创业基金。毕业后，他入职深圳一家互联网企业，月薪1.5万元，行业的平均工资增幅是10%。工作之后，他基本实现了财务独立，觉得未来触手可及。

24岁，小E交了女朋友，同时各项开支也逐渐提高。

25岁，小E与女朋友的关系稳定，可这时公司不太稳定了。两次裁员让小E觉得自己岌岌可危，拼命加班，结果终于有一天发现吃不消了——腰椎小关节紊乱。这一场病让小E在床上足足躺了一个月，等他再回到工作岗位上，没到一个月就被领导委婉地请辞了。

26岁，经历了几个月漫长的求职后，小E终于又回到了职场，并同女朋友举办了温馨的婚礼。结婚以后，他们发现周围的同事买了车，于是首付十几万元，月供4000多元，一咬牙也买了一辆。

29岁，刚还完三年车贷的小E要当爸爸了，他发现每年的支出多了很多，感觉有点入不敷出。

30岁时，小E拿出了自己的存折，发现自己曾经立下的那个宏伟目标和现状差别非常大，银行卡里只有2万元。

理想很“丰满”，现实却总是很“骨感”。我们很多人都是在不知不觉间、在各种突发事件中，抑或是各种“既定环节”如结婚、生子时，花光了兜里的钱。

小F是个非常独立的女孩。工作后，她从没找家里要过一分钱，也从未找朋友借过一分钱。刚毕业时，她挣得不多，但仍旧在没有任何帮助的情况下租了一套还不错的单身公寓，每月租金4000元，押一付三支付。一个小姑娘刚开始工作是怎么拿出这些钱的呢？她的回答让人不禁莞尔，大三下半学期开始她每个月都攒800元，风雨不动，加上买理财挣了20%，第一期的房租就这么比较轻松地拿出来了。

你以为她家里给她的生活费很多？每个月1500元，很中等的水平。你以为她为了攒钱过得很窘迫？当然也不是。

她的衣服一点儿也不少，化妆品也没少买，水果、蔬菜、下馆子，和同学的聚会一次没落下。那她是怎么攒钱的呢？

第一，她每个月会做四次家教，一次200元，这刚好就够攒下来的钱了。第二，她尽量避免非必要的消费，如当她已经有了三四条牛仔裤的时候，再遇到合适的牛仔裤她是不会买的，再便宜、性价比再高，对她来说也是多余的。第三，当有大件支出时，她不动用存款而是尽量从近几个月的生活费中挤出来。

其实，合理的资金规划与“节约”的生活方式从不对立。这里只提一点建议：当你想买“非必要”的奶茶时，当你逛街想买个“不太划算”的小玩意时，当你在衣橱满满的时候还网购“差不多”的衣服时，把这些钱愉快地提前转进自己的储蓄账户。存储的动作会形成一个习惯，会在潜意识里告诉自己放弃非必要的花销，把钱存起来，因为储蓄有另一个名字：支付给“未来的自己”。这不但不会让你的生活受到影响，反而会让你的生活变得更加高效和精致！

储蓄，其实一点也不难。从现在开始，给自己定一个小目标，每月储蓄工资的10%。10%的金额一般不会影响生活质量。同时，试着将意外收入、奖金、加薪的50%存下来，用剩余的50%好好犒劳自己，也能够给人惊喜。50%制造惊喜，50%作为储蓄，更加能够给你安全感。

做好每月预算计划

本书的一个整体思路是讲如何做好财务规划，这是整个生命周期的事。那如果说要细到每个月怎么样去储蓄和消费，就不得不提每月的预算计划了。

如果你每月的收入基本固定，那你可以清晰地知道现金流池子每月会流入多少。假如你是单身，每月收入1万元，计算一下每月的固定开支，如房租3000元、水电费100元、通信费100元、上下班交通费300元、伙食费1500元等。以上这部分5000元的支出，可能是无论如何调整都无法节省的，这叫固定支出。剩下还有5000元，就是可以规划的部分，这一部分怎么分配，直接决定你未来财富的走势。

首先应该考虑储蓄，学会储蓄是理财规划开始的第一步，比例可以根据实际情况进行调整。如果你处于收入不高的阶段，储蓄率可以不用太高，因为再高的储蓄率得到的实际积累并不高，还不如把钱用于投资自己，但不能不储蓄，否则出现一些状况时你可能自顾不暇。

接下来分为学习费、社交费、服装费、保险费、娱乐费等，这里的学习费和社交费是专门列支的，是我认为在年轻的时候最重要的和有意义的开支。现在互联网上的各类信息非常丰富，稍微花点钱就可以找到你想学习的各个行业的入门信息。

社交费也是很有必要的，当你一个人想不出多少法子来时，要去多接触优秀的群体，和他们交流，在这一过程中寻找志同道合的未来合作伙伴。读书会、公益会、海归协会、青年企业家协会等，里面聚集着很多才华横溢、思想充盈的年轻人，他们活跃、知识面广，来自各行各业，可以从他们身上了解行业的基本状况。

什么是理财?

你是不是误会理财了?

很多人一听到理财，觉得就是在银行购买理财产品，这其实是不够全面的。理财这一概念虽然是从银行开始让大家耳熟能详，但是对其理解需要进一步加深。

误区1：理财是买一个理财产品

理财这个词，你可能最早是从银行听到的，银行客户经理看到你账户有余钱，会建议你购买理财产品，获得多少收益。你觉得钱放着也是放着，买一点也可以，就这样第一次接触到了理财。这确实是理财，但只是狭义上的一种金融理财产品。

广义的理财是要通过梳理、规划，让自己的才能和财富更加科学化、合理化，从而更好地为生活服务。首先是把自己的职业价值和人力价值转化为财富的过程，就是让自己变得更值钱，更容易赚到钱；然后通过规划，让钱产生不同用途，让生活变得更加得心应手，再促使自己创造更大价值，使人生变得更加丰盈和从容。

误区2：理财就是控制消费，降低生活质量

提起理财，很多人认为就是要控制消费，降低生活质量。其实相反，理财完全不是简单的控制消费，而是让消费更好地为生活服务，不当消费会牵扯我们很多精力，买来的无用产品会成为负累，徒增烦恼，降低生活质量。

理财从一次收纳开始

为什么说理财要从一次收纳开始？你试着找一个周末时间，全身心地对自己的家进行一次收纳和断舍离，你会发现有一些东西是当初买来但是没怎么用，甚至未来很长一段时间也用不着的。最典型的如去某景点买回来的纪念品，或者看到某个广告而囤的货，等等。这些物品非但没让你的生活水平得到提高，还占用你的空间，对你造成干扰，浪费你的精力。将这些做一次分类，知道哪些物品以后真的不再需要，从而一点点改变自己的消费观。

在日常消费过程中，要区分这个物品是你想要的，还是你需要的。想要，可能只是一时的冲动支出；需要，才是你真正值得拥有的。可以利用一些电商平台的购物车功能，消费前可以先放入购物车，等一段时间后，再去看这件物品是否真的是你现在需要的，这样也能减少很多不必要的浪费。

请这样分配你的收入！

十几年前有这样一则新闻，一个名叫卡罗尔的拾荒者买彩票中了一亿美元大奖！可八年后他又变成了穷光蛋，曾经的奢华生活已如过眼云烟，如今他再次露宿街头。如果无法对自己的财富进行有效的管理和分配，那么即使再有钱也有挥霍完的一天。如果可以将资产做合理科学的分配，那么即使收入低，也有可能通过努力实现财富自由。

对大多数普通人来说，尽管感到钱不够花，但仍然要在收入增加的情况下节制消费、强制储蓄和强制拿出一部分收入用于学习和投资，这是我们实现财富自由的希望和种子。改变命运，就要从这儿开始：实践富人的现金流模式——对我们的收入进行合理的分配。

首先，对广大工薪阶层来说，可以参考图5，结合自己的年龄及家庭实际情况进行比例调整，制订一份收入分配计划。

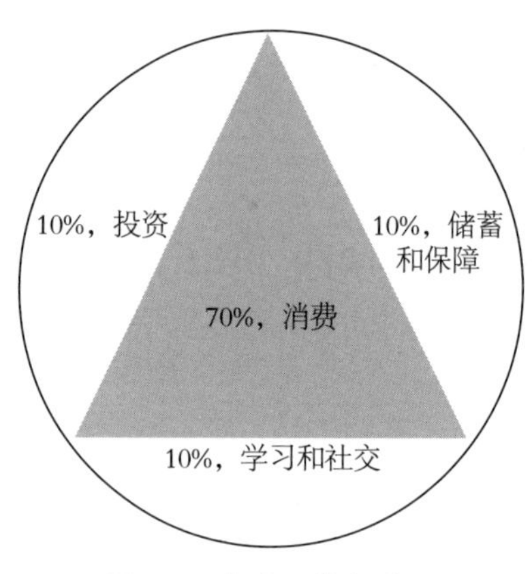

图5　工薪阶层收入分配

当你刚参加工作、收入较低时，用于生活消费的收入比例可以高些，如80%或更多；用于保险的比例5%；用于学习提升技能的比例5%；用于应急储蓄5%~10%。随着你年龄增长、职场晋升，收入增加时，建议用于生活消费的比例可以为70%以下；用于保险的比例10%；用于学习提升技能的比例10%；用于投资的比例10%或更多。总之，不应该把所有的钱都花光了，没有应急、保障、学习基金，那样将永远实现不了财富自由，而且还特别容易形成负债。

另外，对于众多的自由职业者和小微企业主，与稳定的工薪阶层的收入分配略微不同。小微企业主能赚钱的时候收入比工薪族要多，但面临的风险也比工薪族要高，应该在收入不错的时候多做些储备。我们提供以下收入分配图供大家参考，提醒一下，这里是对利润的分配，建议可以将利润的60%投入研发和再生产。剩下的40%中，5%依然需要用于建立保障，20%用于日常消费，15%进行其他投资。

另外，建议小微企业主一定要将企业资金和家庭资金做好区分和隔离，企业的钱不是家庭个人的钱，一旦混淆，会涉及税务和法律风险，万一企业碰到债务，还会拖累家庭。

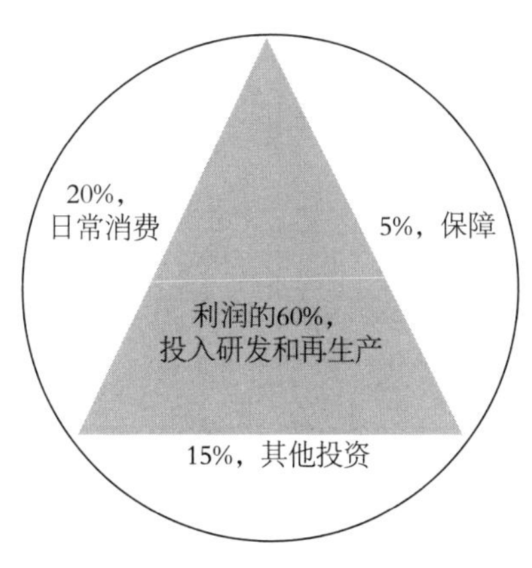

图6　小微企业主收入分配

很遗憾地提醒大家的是，在目前各行业从自由竞争走向垄断竞争的阶段，小企业受市场、政策影响的风险性在增加。因此，一是不要轻易孤注一掷地将所有资金投入一个项目；二是要全力维持保生存，拿出一部分利润建立自己的投资管道，产生被动收入。具体可根据自己企业和家庭的实际情况参照图6调整各相关比例。

附表6　收入分配计划

<table>
<tr><td>收入来源</td><td colspan="4">工资奖金月收入：　　副业月收入：
企业利润：　　其他收入：
收入合计：</td></tr>
<tr><td rowspan="4">每月收入分配组合比例</td><td>固定支出</td><td>房租开支</td><td>储蓄比例</td><td>企业周转</td></tr>
<tr><td></td><td></td><td></td><td></td></tr>
<tr><td>学习提升</td><td>社交支出</td><td>保险保障</td><td>投资理财</td></tr>
<tr><td></td><td></td><td></td><td></td></tr>
<tr><td rowspan="5">行动计划</td><td>行动时限</td><td colspan="2">行动内容</td><td>备注</td></tr>
<tr><td></td><td colspan="2"></td><td>生活消费原则</td></tr>
<tr><td></td><td colspan="2"></td><td>学习安排</td></tr>
<tr><td></td><td colspan="2"></td><td>保障需求</td></tr>
<tr><td></td><td colspan="2"></td><td>投资组合</td></tr>
</table>

Part 7

做好风险管理规划，财富只会越来越多

你知道自己能赚几年钱和需要花几年钱吗?

我们不妨计算一下生命周期的财务收支情况:

25岁之前，教育期，衣食住行学全要花钱;

25岁到60岁，工作期，一边赚钱，一边养家;

60岁到70岁，退休期，生活、爱好和旅行占主导，但可能有老人要敬养，有刚组建的小家庭要照顾;

70岁以后，需要被照顾，有较大比例的钱需要交给医疗康养保健机构。

普通人挣钱的时间通常为35年，而花钱呢，贯穿整个人生。因此，一个残酷的现实是：用35年左右时间挣来的钱，来负担我们整个生命周期的开支。我们的人生面临的最重要的一个问题就是：如何把有限时间内挣到的钱，合理地分配到整个人生中，甚至为未来的家族延续创造良好的基础条件。我们要为人生各个阶段做好规划，对可能出现的各种风险，做好防范应对措施。

可以将与财富相关的风险分为行业与职业风险、人身风险、投资风险、法律政策风险和家庭风险。

行业与职业风险

行业与职业风险指职业可替代性比较高，未来受行业的变化或者职业年龄的限制，容易遇到失业危机。

几年前有一则新闻，一位四十岁左右的大姐的工作是在高速路口收过路费。因为大家都使用ETC刷卡或者公路收费时限到了，收费站拆了。大姐说："我都在这里干了二十几年了，你现在不让我干了，我干啥去啊？"这里我们暂且不从劳动法的角度讨论，从职业的可替代性看，像收费员、理货员等相对机械、简单重复类的工种，肯定是最先被淘汰的。

有些行业会受到人工智能的威胁，如普通的语言翻译、场馆讲解员、卡车司机、车间简单操作工等，这些工作大概率未来都会被机器取代，如果从业者不能提前考虑转行，未来可能会比较被动。

世上的工种和生意有千千万，不可能罗列所有，但总归是要考虑未来的职业变迁或者行业变化，可以经常问自己几个问题：我提供的服务真的那么有价值吗？我的工作可不可以由一个刚毕业两三年的年轻人来做？他们是否会拿更少的薪水，以更旺盛的精力取代自己？

时代落下的一粒灰尘，落在每个人身上都是一座山！职场人士，能做的且唯一有效的就是做强做大自己，让自己时刻拥有他人无可替代的价值！

如果不知道明天和意外、疾病哪个先来，怎么办？

人生风险指家庭成员遇到疾病、意外等事项，影响到家庭整体的财务状况和事业状况。人生风险是每个人都不愿意看到的，但它客观存在。应对这一类风险，除了日常要锻炼身体、注意安全外，从财务层面看，还需要做好科学合理的保险保障规划。保险行业在我国的发展很快，30多年的时间，中国就跻身为世界第二大保险国家，快速粗放的发展让部分人对保险有所误解，但不妨碍保险是我们财务规划的重要组成部分！保险配置是家庭财务配置的基石，没有基石，财务的所有规划是不够坚实和牢靠的。财经作家吴晓波就讲过，财务规划配置当中如果没有保险，几乎可以称不上是一个现代家庭。

对于不富裕的家庭来说，往往不太舍得配置保险。然而，越是经济状况不理想的家庭越需要保险，因为这样的家庭对抗风险的能力很弱。若家庭成员出现意外或发生疾病，对家庭正常开支都会有影响，如果家庭经济支柱出现重大风险，更是雪上加霜。这样的家庭如果现阶段用钱紧张，可以考虑以消费型为主的保险，如百万医疗险和家庭经济支柱的定期寿险。保险能够让家庭在经济上受到最小的影响，维持原来的生活水平。

对于中产家庭而言，保险的接受度就高一些。保险属于一种合理的财务规划，若有突发情况，它就会立即弹出现金流，不需要东拼西凑；若一生顺利，配置保险相当于把钱留到老年使用，未尝不是一种好策略。另外，未来中国的老龄化形势非常严峻，社保基金已经呈现出较大压力。2022年4月21日，国务院办公厅发布《关于推动个人养老金发展的意见》，意味着除了基本养老保险制度，国家通过税收优惠等方式正式推出了个人养老金制度，个人养老金实行个人账户制度，缴费完全由参加人个人承担，实行完全积累。参加人通过个人养老金信息管理服务平台，建立个人养老金账户。建议大家在养老方面，若有能力的情况下予以补充。另外，在养老这件事上，国家还倡导商业养老保险将成为个人养老的重要支柱。总而言之，国家社保部分的养老金只能保障你的基本生活，想要过得好，还是需要靠自己多攒钱，做好退休规划。

对于富裕家庭，保险是一种资产配置方法。有多少人，曾经赚过钱，后来又亏了。赚到了钱，可以投入再生产和研发，但是从个人财富规划来讲，需要把一定比例的钱用各种方式留下来。对于企业家来说，当企业到了稳定或者快速发展的阶段，可以通过合理合规的方式，把企业的部分盈余转到个人家庭资产中来，保留其余的部分让公司再成长。如果公司成长得好，家庭的财富净值也会同步成长。但是公司的经营风险总是比家庭的风险大，即使公司受到任何风险冲击，家庭财富已经有了一些积累和保障。另外，保险还有保险金信托、家企隔离、税务筹划、权属管理，以及所有权、控制权、受益权三权分立等多项功能。总之，富裕家庭做好保险配置可以确保家庭成员无忧，以及企业现金流紧张时有一笔备用金。

不把钱当钱的习惯要改

很多中产阶级赚了钱或者有一定积累以后，发现通过投资实现钱生钱很省事。投资确实是有钱之后一定要学会的，可以选择做天使投资人或者基金有限合伙人，还可以把钱存到某个机构。但高回报意味着高风险，就投资某个金融产品而言，中国人民银行党委书记、中国银行保险监督管理委员会主席郭树清在“2018陆家嘴论坛”说过：“收益率超过6%就要打问号，超过8%就很危险，10%以上就要准备损失全部本金。”投资千万要注意本金的安全。

我的朋友谢某在2010年前后赚到了几千万元，身边的朋友也知道他有钱了，各种应急的时候都找他借，他一时不知道怎么应对，又好哥们义气，借了好几笔出去。结果，没有一笔是顺心的，最后都弄得打官司。民间借贷一定要注意，即便几万元的临时借贷，有时候都会闹出矛盾来。一般如果朋友方做生意缺乏资金，那可以通过商业贷款或者占股的形式筹资，如果真是需要向朋友借过桥资金，往往已经蕴藏了危机。临时借钱一定要详细询问对方的情况，如果对方不愿说出详细原因的，最好不借；真的要借，一般以不超过自己1个月的收入为宜，那样即使有借无还，也不会影响自己的生活。

除了借贷，还需要注意的是担保。担保的隐秘性更高，因为你在做担保的时候不会把钱拿出去，但是担保同样负有相应责任，一旦情况有变，就会出现巨大风险。

因此，当你通过创业或各种方式赚到的钱累积到一定程度后，投资有一部分要放在稳健和低风险的标的上。只要努力工作，做好风险管理，不上当受骗，按照社会总体上升的节奏，你的生活都会越来越好。

在法律与政策面前，小心驶得万年船

通俗点来讲，就是触犯了法律法规或者违反道德标准的风险。例如，一些企业家或者明星，一旦有些负面新闻，就会对公司的业务造成很大影响。又如，某自媒体曾经一条广告标价60万元，年营业额上亿元，但是因为剑走偏锋，语言煽动性强，违反了网络管理规定，账户不能直接对外发布信息了。再如，公务员、事业编制人员，应该做好廉政和作风管理，一定要严于律己，抵制诱惑。

关于政策风险，如2021年7月24日，中共中央办公厅、国务院办公厅印发《关于进一步减轻义务教育阶段学生作业负担和校外培训负担的意见》，对校外教培机构进行了约束和规范，大量的课外教培工作人员面临转业。这就属于政策上的一次变动给大量的行业从业人员带来的巨大影响。

因为某个政策变化导致某个行业或领域萎缩的案例很多。我们在从业的过程中，不仅要低头干活，还要了解政策风向对职业的影响，提前布局，控制和防范法律和政策风险。

重视家庭和孩子教育，才能真正基业长青

家庭风险主要指婚姻和财富传承对家庭财富的影响。如果离婚，资产可能会被分割，如果涉及明星，明星的美誉度可能会受到影响，如果涉及企业，可能影响企业的股价。

对于单身贵族或者富豪子女，应该要做好婚前的资产规划。对于富豪本身，应该提前做好资产配置和财富安排，如遗嘱、家事协议、信托、保险、保险金信托都是很好的财富归属和安排工具，能够按照财富主要创造者的意愿进行分配和延续。

此外，一定要重视孩子的教育。伊尔泽·艾伯茨在《富过三代》里面讲到，动力来源于缺失，大部分富一代是因为他有想富有的信念，所以遇到任何困难和挑战，都会勇往直前。而对于“富二代”“富三代”，家庭已经富裕到一定程度，这样的信念会削弱，就需要做父母的在自身变富有的同时，重视孩子的教育。要引导孩子有独立的财富意识，知道父母的财富不等于就是孩子的财富。孩子未来要有所成就，必须从小独立，寻找自己的事业方向，培养自己的认知和能力。

以上五个风险，如果你能够较好地进行规避，那就大胆按照预定的规划往前走，你的财富越来越多。

万一有了负债怎么办

古希腊科学家阿基米德有一句流传千古的名言：“假如给我一个支点，我就能撬动地球！”这个物理原理叫杠杆，金融中也有这个术语，在金融中负债即杠杆的一种。

现在借钱越来越容易，都不需要在银行专门申请贷款，很多手机App都可以借钱。不仅企业主通过贷款经营，普通老百姓贷款消费，连学生都通过信用卡负债了。适当的负债能够促进消费，发挥资金作用，提前享受经济发展的成果。但如果我们的风险意识落后，风控措施不当，可能是债务越来越大，严重影响生活和健康。

这里探讨的负债指欠别人钱还不上，借来的钱没产生更多的钱，或有些错误的投资颗粒无收，甚至把原来的资产积累也吞没了，抑或自营企业破产导致失信、被限制高消费等。有了负债，总体解决方式是，钱丢了，但是信用和机会不能丢，调整心态，建立还款计划，尝试新的机会。

债务压力下的心理调适

负债的死穴是负债感！负债感体现为恐惧、焦虑、愧疚、自责、无力、绝望、自我攻击等负面情绪，还有因还不上债失信于人，社会形象受损，等等。在这种情况下，人无论是身体还是心理都处在紧绷、防御、封闭的自我保护状态，会隔绝外来的新机会与信息，从而造成恶性循环：负债—负债感—封闭—没出路—负债加深……

如何从负债的泥潭里挣脱出来呢？首先要调整自己的心态。当你的言谈举止、着装、情绪、表情呈现出自信和信用，即有还债能力的感觉，就会获得不同能量。能量不同，眼界不同，站得高才能看得远。此外，债的产生源于入不敷出，解决之道在于开源节流。

盘点你的资产、资源和收入状况

解决心态问题后，我们首先要做的是盘点自己家庭及企业的所有资产，哪些资产是抵押了的，抵押资产的市场价值是多少？哪些是生钱的资产？哪些是闲置的资产？目前都有哪些收入？资产总额加上收入总计有多少？是否能够开始部分偿还债务？

另外，需要彻底理一下自己的资源（包括显性的和隐性的资源，如你个人及企业的信用等），看看能解决什么问题或融到多少钱？

对你负债的金额、利息、期限及债权人情况进行一次完整的梳理，分出轻重缓急的应对策略。如哪个债务已逾期，哪个债务利率最高，哪些债权人是可谈判、缓还甚至免息暂时不还的。做到有分类，并制订相应的还款计划。债权人如果看到你有还款，信用不至于完全丧失，可能会给你一些缓还的机会。

寻找适合的负债脱困方案

处理负债需要的是信心、时间，最后才是钱！另外有一点必须要明确的就是：利息与还款时间是可以谈判的！债权人要的是钱，而不是你的命！

通过以上对资产、资源及收入的清理，对照负债金额、利息、期限及债权人的盘点，你或许就会有些解决方案了。

面对负债，总体原则是：（1）止损，知止而后生；（2）高息变低息，低息变免息；（3）本金分次按时间慢慢还（一下子把仅有的资金全还出去，会影响自己后续的“造血”能力）；（4）放大信用，重组盘活资产；（5）聚焦开源，在维持生存的同时创造开辟新的收入渠道，只有进账和保持现金流才能解决问题。

附表7　风险管理计划

<table>
<tr><td>行业与职业风险</td><td colspan="4">你的工作岗位：　　你的核心技能：
你所在行业前景：　　你的可替代性（1~10分）：
5年后你的岗位被社会需要程度：</td></tr>
<tr><td>人身风险</td><td colspan="4">你的家庭经济支柱：　　经济支柱是否有保险：
家庭财务缺口：　　家庭成员是否配置保险：
经济支柱的寿险额度：
家庭成员的医疗和重疾险额度：
是否开始筹备养老规划：</td></tr>
<tr><td rowspan="6">投资风险</td><td>投资类型</td><td>额度</td><td>预计收益率</td><td>风险程度</td></tr>
<tr><td>股票、基金</td><td></td><td></td><td></td></tr>
<tr><td>理财</td><td></td><td></td><td></td></tr>
<tr><td>不动产</td><td></td><td></td><td></td></tr>
<tr><td>借贷</td><td></td><td></td><td></td></tr>
<tr><td>担保或其他</td><td></td><td></td><td></td></tr>
<tr><td>法律与政策风险</td><td></td><td colspan="2"></td><td></td></tr>
<tr><td rowspan="3">家庭风险</td><td>类型</td><td colspan="2">描述</td><td>风险程度</td></tr>
<tr><td>婚姻</td><td colspan="2"></td><td></td></tr>
<tr><td>财富传承</td><td colspan="2"></td><td></td></tr>
</table>

附表8　债务管理脱困计划

<table>
<tr><td>目前收入</td><td colspan="2">工资奖金月收入：
企业利润：
收入合计：</td><td colspan="2">副业月收入：
其他收入：</td></tr>
<tr><td rowspan="4">目前资产资源</td><td>房子</td><td>车</td><td>企业</td><td>就职单位</td></tr>
<tr><td></td><td></td><td></td><td></td></tr>
<tr><td>保险保障</td><td>金融资产</td><td>资源及其他资产</td><td>信用</td></tr>
<tr><td></td><td></td><td></td><td></td></tr>
<tr><td rowspan="2">目前负债</td><td>类型</td><td>金额（本金及利息）</td><td>债权人</td><td>期限</td></tr>
<tr><td></td><td></td><td></td><td></td></tr>
<tr><td rowspan="6">脱困计划</td><td>行动内容</td><td colspan="2">方法与措施</td><td>时限</td></tr>
<tr><td>心理调适</td><td colspan="2"></td><td></td></tr>
<tr><td>收入端</td><td colspan="2"></td><td></td></tr>
<tr><td>“止血”减债</td><td colspan="2"></td><td></td></tr>
<tr><td>还款</td><td colspan="2"></td><td></td></tr>
</table>

Part 8

如何构建你的资产配置计划

资产配置计划真的那么重要吗?

有位经济学家说过，资产配置是投资中唯一免费的午餐。资产配置是根据人生目标制定规划，结合不同投资工具的特点，制定投资策略，并进行合理的配置，从而使资产达到稳定增长。

为什么要做资产配置?

莎士比亚的《威尼斯商人》中，主人公安东尼奥曾说过："我十分感激我的命运，我的生意的成败并不完全寄托在一艘船上，更不是依赖着一处地方，我的全部财产也不会因为这一年的盈亏受到影响，所以我的货物并不会使我忧愁。"简单来说，他的意思就是不把鸡蛋放在一个篮子里。也就是说，不进行资产配置，有可能会把原来拥有的财富一点点地消耗掉。

尽量规避失败的投资

美国经济学家马科维茨通过分析美国各类投资者的投资行为和最终结果的大量数据发现：在所有参与投资的人群里面，有90%的人不幸以投资失败而出局，而能够幸运存留下来的投资成功者仅有 10%！这10%就是做了资产配置那部分人。

因为资产配置有效分散了投资的风险，降低了投资组合的波动性，使资产组合的收益趋于稳定，不会出现一损俱损的情况。

举个简单的例子，你现在拥有100万元，用其中的40万元投资股票，又用20万元投资了一个花店，10万元放在稳定基金中，剩下的放在黄金里，假设不幸遭遇了2015年的股灾，哪怕股票40万元血本无归，但黄金一直在上涨，花店经营也不错，就可以部分或者全部弥补你在股票上的亏损。

应对不同的财富周期

我们的一生会经历许多不同的阶段，有起有伏、有涨有落，同时各个阶段收入和支出的情况也不同，一般情况下年轻的时候要找机会创造财富。但二十年后可能行业机会就没有了，赚钱也没那么容易，如过去的房地产行业、教培行业，都已经过了黄金期，因此我们需要知道资产配置的重要性，提前做好规划，应对好行业和人生的各个周期，使自己能够持续过上理想的生活。

助力跑赢通货膨胀

20世纪90年代初，一块钱可以买五支奶油冰棍儿；90年代末，一块钱可以买一瓶汽水；21世纪初期，一块钱可以买一串羊肉串；而到了今天，即便是街头小商贩，也不将可怜巴巴的一块钱放在眼里。的确，大城市停车费每小时都10块了，1块钱已经什么都干不了了。随着经济的发展，通货膨胀悄悄地渗透我们吃、住、用、行等生活的方方面面，大到房产，小到柴米油盐，似乎都在进行着一场轰轰烈烈的“价格革命”，通货膨胀使钱越来越不值钱。现在，银行的活期存款利息只有 0.35%，基本可以忽略不计，而定期存款利息几经波动，央行一年定期存款利息基本在1.5% 左右，有些国家甚至已经出现了负利率，钱放在银行只会贬值。要跑赢通胀，仅靠单一的存款是做不到的，这也要求我们做一些资产配置。

资产配置的基本原则

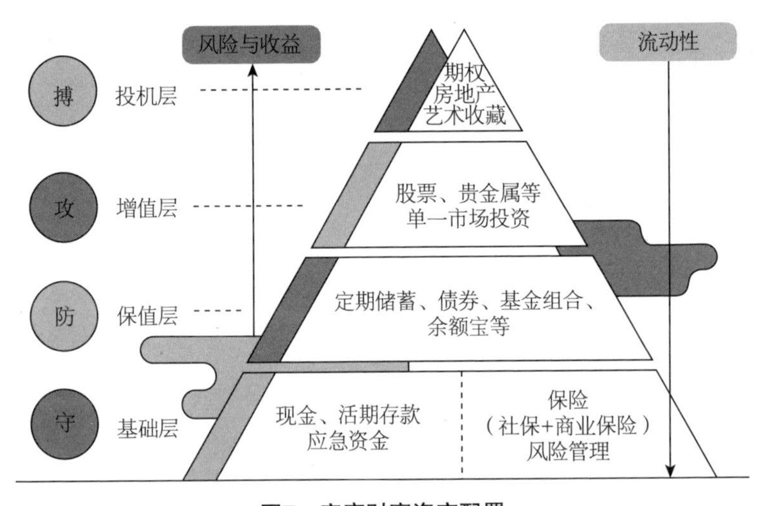

图7 家庭财富资产配置

说起家庭财富的资产配置，就好比一场足球比赛，钱的安排就如同排兵布阵，既需要有“前锋”，也需要有“后卫”，如何调整阵容和策略，能够决定比赛最终能否取得胜利。没有资产配置的财富，是凌乱的，是不坚固的，是有可能随着时间、行业的不确定性而受到影响的。

说起资产配置，先让我们来看一下家庭资产有哪些。按属性来分，资产可以分为金融资产和非金融资产。金融资产包括现金、存款、债券投资、权益投资、股票、基金、票据、保险等。非金融资产包括不动产、企业股权、专利著作权、汽车、黄金、珠宝、古董、收藏艺术品等。对于大部分一般家庭来讲，非金融资产主要是不动产，不动产比较能保值增值，但是也有流动性差、继承麻烦等特点，后面会专门讲到。中国社科院研究报告显示，中国居民资产配置结构中70%是以不动产为主，与发达国家家庭资产结构正好相反，在一定程度上反映出我国的金融体系欠发达，以及居民的资产配置观念比较传统。

金融资产分为进攻性资产和防守型资产

进攻性资产的目的是实现资产的增值，实现财富的跨越式增长。如天使投资等股权类的投资，股票一级市场、二级市场投资，还有公募和私募基金投资等。这部分钱收益比较高，但风险也比较高。

防守型资产的目的是防风险和储备未来确定性生活。如自己的养老金、孩子的教育金等。应该尽量保证这部分资产不遭受损失，这些都是家庭生活需要的。

实现财富的积累和增长，需要攻守兼备。攻得太多，万一出现风险，会让人血本无归；守得太多，财富的增长也会受限。从人性的角度来说，一般年轻的时候，会喜欢快速增值的资产配置，希望获得更大的回报。待到理财观念一点点成熟，会慢慢重视防守型资产的配置。防守型资产是家庭的基石资产，基石越厚，家庭财务状况越好。

进攻性资产主要用来进行各种类型的投资，以实现增值、跨越式增长。但投资不能盲目，也不是一个简单的操作，它是一场马拉松。现实生活中，很多人希望自己的投资一两年就翻番，但要知道，股神巴菲特的年化复合收益率在20%左右。因此，应做科学的资产配置，而不是孤注一掷，将目标定在某个资产获得超高的回报。现实生活中，大部分人都不是职业投资者（那是需要花费巨大精力的），还是应该把更多精力放到自己本身的工作和生活中，提高自己本身赚钱的能力，而不是认为只靠投资就能发大财。资产配置更多的功能也不是发财，而是把场外创造的财富以更科学的方式进行配置，能够有效保值增值。

可配置资产的特点

股票——一种有魔力的有价证券

有很多书讲述如何炒股，但我觉得它们的门槛比较高，没有一些经济基础和耐心，要掌握并运用很有难度。在这里，我们不去探讨具体的技巧，而是希望去理解股票的本质，它实际上是你拥有公司股权的“凭证”，而不是一件金融炒作商品。一说到“炒”，很容易偏向短期收益，意味着很大的不确定性。运气好，可能每个月都赚一点，但是两年下来，账户里的钱可能还是那么多。有很多人在日常生活中省吃俭用，为几块钱的菜东挑西选，可在股市中不设置止损线，一亏就是几万块，这种做法是不值得提倡的。

普通人投资股票最有效的一个方法，就是长期持有，用时间换空间，要能忍，别老想着赚快钱，要追求实实在在的收益率。

在购买股票之前，我们需要了解一些什么?

1. 了解公司

你需要对这家公司有一些了解，如这家公司生产的东西是什么，在此行业上有什么样的地位，你对这家公司现在的情况有怎样的看法，等等。假如你对这家公司没有正确的评价与认识，就轻易购买了它的股票，很容易出现追涨杀跌的错误行为。因此，当你还不了解一家公司时，还是先不要购买它的股票。

2. 别被道听途说的消息迷惑

现在媒体越来越发达，电视、广播、报纸、网络，都有关于股票的信息。在各种情况下，怎样将这些消息利用起来，看清它们的本质，而不是被它们迷惑，是非常重要的。不要不加分析就接受了这些繁杂的信息，听到别人说这只股票会涨，就赶紧去买，买了之后也不知道什么时候出手，那很可能只会让你出现亏损。

3. 跟股票大户的风

如果你刚进入股票市场，还没有太多投资股票的经验。有人已经炒股多年，拥有很多资金，对股票市场非常了解，或许他还有一个相应的智囊团队，能够对股票的未来走势进行很好的分析和推测。必要时可以跟在他们的身后观望和尝试。这与之前的道听途说不同，在跟投之前，你需要了解他在股票市场的历史成绩和分析判断，先小步尝试跟投，待你也成为行家里手之后，再慢慢追加资金。

4. 考虑整体市场环境

股票投资非常重要的一个因素就是市场的整体环境，在一个天时地利人和的大背景之下，购买股票当然能够让你有赚钱的机会。但是如果经济萧条不景气，想赚到钱就很难了。

在赚钱之前，先了解如何让自己减少损失

1. 亏损止损

在你准备投资股票的时候，你就必须清楚：股市有风险，投资需谨慎！既然已经知道会有风险，那就要想一个应对风险的方法，这样才不至于在风险来临时束手无策。首先，投资股市的钱不应该是你生活必需的钱，即使全部损失，也不至于影响生活；其次，你可以事先定一个止损价位。这个价位在定下来之后，就要一直保留下去，不能因为出现一些状况就随便改动。通常这个价位处于回撤5%～15%是比较合理的。或者你用一个均线作为支撑，当收盘价低于这个线时，就要止损了。如果股价的整体情况变得糟糕起来，就应该当机立断，赶紧止损。

尽管在亏损时主动退出市场对于每个人来说都是痛苦的决定，但总好过泥足深陷的结果。千万不要总是不舍得已经亏损的股票，每个人都有判断失误的时候，该认赔时就要认。

2. 获利止盈

不仅是当股票下跌时需要及时卖出来降低损失，在股票上涨时同样需要止盈，这就是获利止盈。经常会听到炒股的人感慨，说是自己等了那么久，终于等到自己的股票上涨了，却由于希望在更高价格售出，而错过了卖出时机。

要避免抓不住卖出股票时机的情况，你需要像应对亏损那样，在股票上涨时也定下一个相应的获利止盈价位。这个价位在确定之后，也不能随便变更。设定这个价位是为了保护你的利润，让它们能真正地进入你的口袋。

进行股票投资，除了知道怎样避免损失，你还要明白如何分配资金。在购买股票时，不要将所有钱全都一次性买成股票，你需要把它们一分为二或者一分为三，否则一旦出现股价下跌，你连补仓的机会都没有。也就是说，假如你有10万元，你可以拿出4万元，购买你认为会上涨的股票，等待时机合适，再动用手里的6万元。等某只股票上涨到你原先的止盈线，就要果断卖出，赚了钱就撤。如果你总能做到这一点，就不太容易出现亏损。

基金——让专业的人帮你投资

2010年前，谈论或使用基金理财产品的人还很少。可是现在来看，基金在人们生活中已经经常出现了。几乎所有的网页新闻都有基金的消息，人们的聊天中，它也成了一个不可缺少的话题。那么，究竟何为基金呢？

我们来了解一下基金的运作：

小A想用自己手中的钱投资股票，可是对于股票他几乎一点都不懂，担心被“套牢”。这个时候，小A碰到了炒股的高手小B。小A就将自己的这笔钱交给了小B，想让小B帮他炒股。但是这个忙小B不能白帮啊，于是小A就答应给小B一些费用，或者赚钱后将收益按一定的比例分给小B。

如此一来，小A就不用考虑买什么股票，如何在股市中运作等一系列问题了，只等着收钱就行了。后来，小A和小B都赚了钱，那些没有时间和精力的人觉得这种方式不错，就都拿着钱来找小B代为炒股。这样，小B用于投资股票的钱就越来越多了。钱多了以后，小B就能进行分散投资，规避风险，能够更稳当地赚钱。上面所说的这个故事叫做合伙投资。把这种投资的模式无限放大，就是基金。

真正意义上的基金就是把很多投资人的资金聚集起来，交由基金托管人（如银行）托管，让专业的基金管理公司去投资股票和债券等，来实现收益，这样会比你个人操作的风险要低一些，且门槛也不高。按照投资对象划分，可分为货币基金、债券基金、混合基金、股票基金；按照投资理念划分，可分为主动型基金和被动型基金。

按照投资对象的不同，基金可以划分为货币基金、债券基金、混合基金、股票基金。

货币基金的投资品种主要是一年内的银行定期存款、大额存单、债券回购、中央银行票据；债券基金主要投资于债券，如国债、公司债、金融债等，组合中债券的占比要高于80%；股票基金主要投资于股票，且股票的仓位占比也要大于80%，所以波动比较大；混合型基金可以投资货币市场、债券、股票等品种，可以理解为一个“大杂烩”。

按照投资策略的不同，可以分为主动型基金和被动型基金。

主动型基金指以寻求超越市场业绩表现的基金，即通过基金经理主动出击，超越市场。这种基金非常依靠基金经理的水平，可以说，买主动型基金就是买基金经理。被动型基金指不主动寻求超越市场业绩表现的基金。投资对象一般是某只指数的成分股，几乎完全复制指数，也被称为指数基金。可以说，除了指数基金，其他全是主动型基金。

这里要注意，基金并不是一款保本的理财产品，可能赚钱，也可能赔钱。不同的基金风险不同，风险最小的是货币型基金，风险中等的是混合型基金，风险比较高的是股票型基金。当然，一般来说，风险低，收益也比较低；风险高，收益也会高。

接下来，你需要了解一些基金投资的“小套路”。

1. 固定比例投资法

这种方法是首先把你的钱按照一定的比例分成若干部分，然后将分好的钱分别投资各种基金。当你发现某只基金的市值出现了变化，投资的比例也发生变化，你就可以通过买进或者卖出，让各基金的权重保持之前设定的比例。用这种投资方法，你的投资资金始终是分散的，不会因为某个方面的特殊情况，出现严重的损失，当获得一定收益时，也通过比例调整，顺利止盈。这样，总的资产体量会稳步上升。

2. 定期定额购入法

假如你在刚开始的时候就已经准备要对某只基金进行长期的投资，并且你的收入一直保持相对稳定，你就可以使用这种定期定额购入的基金投资方法。这种方法实际上就是人们平时所说的基金定投。实际上这种方法和“零存整取”的定期存款方式差不多，不过由于你投资的东西是基金，比储蓄带来的收益更高。

1997年，有一只发行面值为10美元的投向泰国的基金，在该基金发行日，看好泰国市场的小C办理了一个为期2年的定期定额投资计划，每个月在这只基金上固定投资1000美元。

运气不佳的小C买入基金后不久，金融风暴就从泰国蔓延开来。之后两年，泰国的股票下跌了40%，他的基金也出现了严重亏损，15个月后，净值就从当初的10美元锐减到2.22美元。后来净值有所回升，在小C为期两年的定期定额计划到期时，基金净值上涨到6.13美元。

你肯定会想，小C的这笔基金投资损失惨重。因为定投到期时，基金净值仍然没有回到发行时的面值。但事实令我们惊讶，小C最终取得了41%的投资回报。这就是定期定额投资的“神奇魔力”。当基金净值下跌时，尽管先前的投资会造成亏损，但如果继续买入相同的基金，能有效地降低平均投资成本。

经过两年的持续投资，平均投资成本降为4美元，当基金净值回到6.13美元时，小C自然就赚钱了。这在投资里就叫做定投的“微笑曲线”，它描述的是一个基金净值先下跌后回升的过程，在这个过程中，投资者经历了“亏损→持续亏损→顶住压力坚持定投→回本→盈利”的这样一个过程。在这个过程中，虽然看起来基金净值还没回到下跌前的位置，但是在基金净值下跌时通过基金定投摊薄投资成本，在净值上涨时可以加速你投资业绩的回升，甚至还能够实现盈利。

如此看来，你只需要确保市场在长期来看是良好的，就能获得不错的回报。基金的变现能力不错，赎回比较灵活，这也是它作为投资对象的好处。

3. 稀释减损法

进行基金投资的时候，如果处于当期低位，可以用增加仓位的方式，让手中的基金成本稀释一些，这就是稀释减损法。举例来说，你拥有2万份的某基金，现在每份基金的价格下降了，从以前购买时的1.3元变成了0.95元。你对这个基金进行详细分析，发现它是可以进行长期投资的，因为它可能会在将来大幅上涨。这时你就可以在每份0.95元的价格下，再申购2万份，来扩大你的持仓量，这样就“稀释”了你本来拥有的基金成本。如果你是要进行长期投资的，一定要利用好这种方法，因为它能给你带来意想不到的好效果。

现在你应该对投资基金有了一些初步的了解，不过要成为这方面的高手，你需要学习的东西还有很多。

保险——给你一个确定性的未来

目前我国也已经成为世界第二保险大国，保险发展速度非常快，但过去粗放式的发展也让人们对其有一些误解。其实，保险如同银行储蓄一样，是我们身边不可或缺的金融产品。随着金融素养逐渐提高，疫情的出现也让大家意识到健康保障和持续现金流的重要性，我们的保险意识越来越强，买保险的人越来越多。我们需要提高生命的质量，需要不断巩固来之不易的好日子，给自己以及家人购买保险渐渐成为很多人的选择。央视财经发布的《2021中国美好生活大调查》显示，保险再一次成为老百姓投资首选，这已经是保险连续五年荣登榜首了，保险在老百姓心中的地位可见一斑。

实际上，无论一个人的地位如何，也无论他拥有多少财富，他都必须经历生老病死。钱虽然能够买到很多东西，却抵挡不了时间的流逝，换不回一个人的青春，也不能改变世事无常的客观规律。假如你平时注意给自己购买合适的保险，就能够在遇到各种突发的情况时，获得相应的保险金，不会让自己出现财务危机。这样一来，你才能将精力放到应对眼前危机上，而不会为了突发状况犯愁。这一点无论你贫穷还是富有，全都适用。因此，购买保险，对于每个人来说都是非常重要的投资，也是给自己和家人一个确定性的未来。在前面章节我们已经讲解过怎么样购买保障类保险，那么保险作为家庭金融资产的一部分，应该怎么配置呢？

1. 有正确的保险理财理念

保险和其他金融理财产品最大的不同就在于保险不仅具有投资功能，还具有保障功能。首先，不要简单地将保险理财产品同其他的理财产品进行比较，这些金融产品的功能性不同，就不具备简单的可比性。其次，不要指望保险能让人变得多么富有，但绝对不能没有保险，它是金融资产里的基石。最后，不要太过于看重短期的收益，保险理财产品大多都是长期产品，投资收益也是一个长期的过程，要从长远的资产配置视角去看待这一项资产，确保未来的生活有依靠和确定性。

2. 审慎进行财务分析和规划

保险配置的第一步，一般需要先审视一下自己家庭的财务风险。如果家庭经济支柱出现风险，是否会在财务上对家庭和家人生活有所影响。如果有，建议先通过保险工具补充这个缺口，保险规划师可以给你专业的建议。

做完了保障方面的配置，再来评估自己未来确定性的支出，如退休金或者教育金、子女事业起步资金。建议在一般情况下，将退休金安排在前，其他规划在后，因为教育金、创业金等可以通过银行借贷等方式获得资金；而一般没有银行或金融机构愿意为了老人养老而进行专门借贷。可以重点对养老支出进行评估，以终为始，确保自己未来能够按照心理预期进行养老。

3. 选择合适的保险公司和代理人

保险理财产品和一般的理财产品不一样，保险理财产品具有合同时间长、约束性强两大特点，一般是投保五年之后开始分期兑现收益。保险理财产品这种特点决定了在购买的时候需要充分了解保险公司的资本实力和经营风格。试想，如果一家保险公司的财务状况不是很好，等到你发现保险合约到期时，这家公司已经重组了，那么如何保证自己的权益呢？另外，要关注保险公司的资金运作能力，这种能力直接影响你的投资收益。

更为重要的是，一定要选择一个有责任心、专业的代理人，要去看他的从业经历、专业能力、责任心等，一名优秀的保险规划师，能够站在你的角度，设计出最符合你家庭情况的保障方案和保险产品配置方案。

房产投资——抵御通货膨胀的坚实后盾

房产是很多中国人最大的资产，多数家庭的房产资产占家庭总资产的70%以上。

第一套自住房

如果说中国的家庭对于房子有一个情结，一定需要买房子，那这第一套房子就是刚需，刚需只需要考虑两点因素：（1）首付款能否凑够；（2）后期贷款每月还款额不超过收入的50%。如果能够满足以上两个条件，就可以抓紧时间购买首套房。但如果首套房贷还款额都远超自己收入的50%（家庭有支持另当别论），那我建议暂缓买房，因为在沉重的房贷压力下，不敢对自身成长投入，不敢拓宽社交圈，不敢再对新事物进行尝试，从而不利于自己事业的发展，这对于一个年轻人来说，这是致命的。虽然房子对于家庭很重要，但我们的一生不能成为“房奴”，人生的意义是很广阔和多元的。改善房的原则也与自住房一样，只需要满足以上两个条件，就可以入手。

关于房产投资

说到房产投资，在先不讨论增值的情况下，可以计算一下收益率，房产的收益率可以用租售比这个指标来衡量，即房子每年的租金与售价的比例。例如，北京一套500万元的房子，它每年可出租获益大约为8万元，其租售比即1.6%，这还不包括维护费、物业费、取暖费，以及空窗期的收益损失，其收益率其实很一般。房产投资最大的价值在于房子本身的增值。

那么在经历房价过去20年的快速增长之后，未来还有多少增长空间是一个不可回避的问题。随着房产税的不断推进以及在中央“房住不炒”政策的推动下，需要分区域看待房地产。对于三四线以下人口净流出的城市而言，房子总量已经满足当地需求，未来增值乏力，作为投资的房子建议可以出售；而对于一二线核心城市的重要地段来说，房产尤其是住宅依然是非常不错的保值资产，因为这些房子始终供不应求，无论其租金和房价都比较坚挺，是抵御通货膨胀的良好资产。

当然，房产这类投资始终有一个特性，那就是资产体量大，保值率较高，但是流动性和继承性差。当你真的需要现金的时候，很难一下子出售，如果要抛售，可能遭到重大损失，因此，配置房产一定是作为长期资产来安排。另外，房产是家庭继承较为麻烦复杂的一种资产，特别是涉及多位继承人时，需要继承权公证等环节，并可能引发家庭成员间的矛盾。

如何科学地配置资产

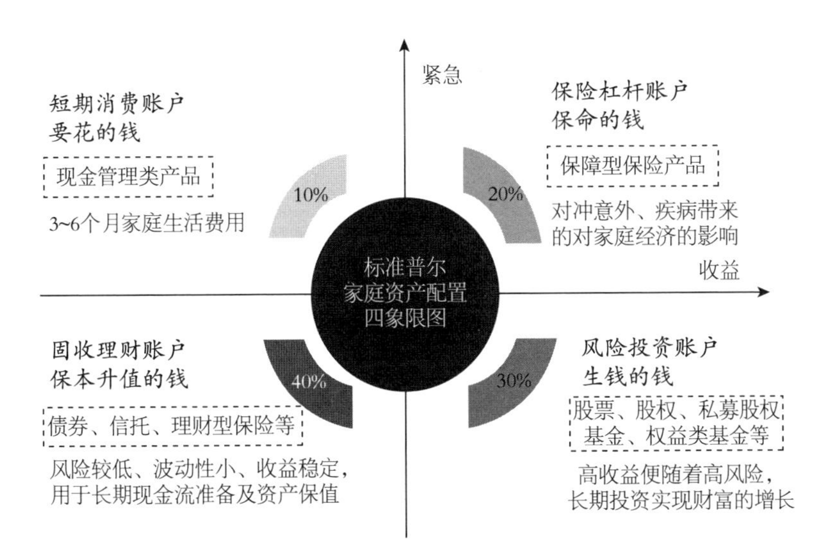

图8 合理稳健的家庭资产配置方式

图8是全球最具影响力的信用评级机构标准普尔（Standard & Poor's），通过调研全球十万个资产稳健增长的家庭，分析总结他们的家庭理财方式，得到的家庭资产配置图，一直被公认为最合理稳健的家庭资产配置方式。

从图8可看到，进行资产配置最终要实现这四个目的，即保证短期内“要花的钱”，用于应付突发和意外情况的“保命的钱”，用于投资产生被动收入“生钱的钱”，最后是用于保证资产产生稳定、可靠收入的“保本升值的钱”。再次提醒，如果你觉得每年的收入光开支都感觉不够，哪还有资产来做这些配置，那就需要停下来思考，回头看一下本书的前面章节，从中获得一些启示。

第一个账户：短期要消费的钱

这个账户一般会放入货币基金或者银行的活期存款，可以随时取用，作为花销和应急。一般来说，无论你投资的股票亏损多少，抑或你开店临时需要资金、朋友需要临时借用，这部分钱都尽量不要动，因为这是你生活的基础保证金，不需要多，3~6个月的生活费即可。

第二个账户：特殊紧急状态下保命的钱

这个账户的作用是用高杠杆、以小“搏”大，专款专用，应对家庭突发的、大额的开销。这个账户平时看不到什么作用，但是关键时刻，可以帮助我们无需为了急用钱卖车卖房，因此这个账户里的钱又叫保命钱。这个账户对增强家庭整体财富配置的抗风险能力有巨大作用。这里面也包括我们日常社保缴纳的部分保险，但除了社保，商业保险是社保的很好补充，建议在社保基础上，再配置5%~10%的商业健康保险。

第三个账户：投资账户，生钱的钱

这个账户犹如一只会下蛋的金鹅，你要好好照顾它，让它茁壮成长，下更多的蛋，也就是我们常听到的“钱生钱”。投资就是在承担高风险的基础上博取高回报，有可能赚钱也有可能赔钱。高风险容易引发焦虑，并非占比越高越好，需要控制在可承受范围之内。一般可以通过股票、基金、私募等工具实现。

第四个账户：长期保本升值的钱

这是确保本金安全、收益稳定的账户。这个账户最大的特点要追求安全稳健、确定性，通过长期、安全、稳健、复利增值，来规划一生的现金流。最典型的如年金保险，长期持有，复利增值，规划未来有一笔养老金，孩子受教育的时候有教育金，能满足一生的现金流，在确定用钱的时候有钱可用。

此外，生活中经常会有短期的用途类资产，如2个月以后的房租，1年以后准备买车，2年以后准备置房，可以采取银行定存或者基金定投的方式，把钱存起来，等到需要的时候，一并处理。

如何做适合自己的投资？

相信大家对资产配置已经有了初步的认识。从配置的几个方面来说，如何投资是门槛最高的，虽然大众都有一定认识，然而，对于投资更深层次的东西，很多人是陌生的，于是盲目地一头扎进股市或者盲目地进行投资，没赚到钱又赔了本金。

从理论意义上来讲，投资其实就是通过现有资源的配置获得未来收益的一种活动；从现实意义上来讲，购买股票、基金等都属于投资，投资的范畴极为广泛，涉及的内容也十分多样化。想对投资有进一步的理解，先从投资的“四个要素”了解，这样才不会人云亦云，陷入泥潭。

投资四大要素

第一大要素：投资目的

有不少投资者是受身边人的影响，希望通过投资获取高额利润；还有的投资者孤注一掷，希望通过投资改变目前的困境；当然还有一类人，他们有着雄厚的资金支持。不同人群定位的不同，也就导致了投资目的的不同，投资目的要与自身状况相匹配。有些人投资的目的只需要保本为主，如一些中老年人，从操作上讲，确保资金的安全性和流动性是最关键的。但有一些年轻人，刚进入社会，需要的是高额的回报，也就需要面对更高的风险。

在投资领域有一个“不可能三角”理论，指任何投资品种都不可能同时满足收益性、流动性、安全性三个条件。

1. 满足收益性和安全性的资产，不能满足流动性。

如定期存款的收益更高，但是流动性就不如活期高。过去房产的安全性和收益性都很不错，但是流动性确是较差的，着急用钱的时候没法及时变现。

2. 满足安全性和流动性的资产，不能满足收益性。

最简单的例子是活期存款、国债、货币基金等。这些产品足够安全，也随时可以转化成现金，但是收益较低。

如果在经济处于衰退和危机的时刻，投资者对收益性的追求应该降低，转为防御性。这时候，以上提到的这些资产类别就是比较好的选择。

3. 满足收益性和流动性的资产，不能满足安全性。

最典型的是部分P2P产品，在没“爆雷”之前，其流动性和收益性都比较好，因此吸引了大量资金的进入。然而，它并不能满足安全性，一旦出现危机，就会导致血本无归。

因此，大家在投资理财时，选择一个投资产品，非常有必要把这个产品按照上述三个方面来仔细审视一番，看看自己愿意放弃哪个目标。

在你开始投资之前，先要想清楚自己准备拿出多少钱来进行投资，这笔钱是不是会影响到自己的生活，是当下一下子拿出？还是计划性的，从现在开始，一点点地定投。是为了实现短期目标还是长期储备？如果是短期博弈行为，可以选择高风险、高收益的项目，如私募、期货、股票等；若是自己的一个长期积累的行为，可以选择基金、房产、年金保险等。

投资对象

投资对象的选择多种多样，可以选择某个行业，也可以选择一家企业，还可以选择投资一个人或者一个项目、一家饭馆、一间民宿。但无论投资对象的具体形态是什么，在选择的时候都要综合考虑到以下几方面的因素。

纵观巴菲特几十年来的投资经历，不难发现，他总是愿意投资那些把股东利益放在第一位的企业，以确保自身利益不受损失；资源垄断型行业也在巴菲特先生的投资结构当中占据了很大比例，其本身所具有的行业优势足以保证效益的平稳；此外，他更愿意投资自己所熟悉的、有着广阔发展前景的企业，对于那些自己不熟悉的领域是从来不会做任何考虑的。由此可见，在选择投资对象时，一定要选择自己熟悉的，把股东利益能放在首位的公司或个人。跟风、贪婪、投机取巧等都是愚蠢的行为。

价格

价格始终是投资者关切的因素，投资者要对数字和未来有一定的敏锐性。如果投资公司，要深入了解公司的经营状况，知道它在市场上的评估情况；如果投资房产，要去了解当地的人口流入和政策情况，在房产税日已将近的情况下，判断其未来升值空间；如果投资个人项目，要判断这个人的过去，了解他做这件事成功的概率以及这个行业目前的状况。要学会简单算账，再计算一个合适的价格。

投资期限

在股市当中，任何风吹草动都可能会引发市场波动，有的投资者在察觉到自己所购买的股票价格有一点下降趋势以后，就迅速售出，"拿不住"是普通投资者最容易犯的错误，最终可能与高收益擦肩而过。投资期限也是重要因素，大众都对短期内的高收益有着莫名的热衷，如果你不是机构投资者，只是一名散户，最好能把短期高收益的目标放下，准备好一笔3年以上不用的钱，做充分的市场分析，找准目标，耐心等待回报。

按风险等级的各类投资

投资必然伴随着相应的风险，以风险大小为标准可分为低风险投资和较高风险投资。

低风险投资

低风险投资通常指投资资本市场风险相对较低的理财产品，用低的投资风险获取合理的利润率。常见的低风险投资理财有以下几种类型。

银行储蓄，按照储蓄时间分为定期和活期。这种投资是最安全的，因为大银行基本上没有风险。风险主要来自通货膨胀、银行利率下调等事件。但是这些因素一般只影响投资产生的利息，而并不影响投资的本金。

货币型基金，是一种开放式基金，周期比较短，价格比较低。一般年收益在3%左右，投资风险仅限于把钱存在银行。这种投资风险很小，收益也是比较有限的，但是流通性还是不错的，基本不会有亏本的可能。

票据型理财产品，一般指银行把贴现的票据按照约定的利率转入基金公司和信托中介，这些机构把票据进行包装和设计后再销售（信贷融资除外）。这种投资相比其他投资来说，风险较小，收益较高。

国债逆回购，这类投资指个人将私有资金借给国家，以获取固定的收益。目前，国债逆回购基本没有风险。借贷者和投资者在合约中约定了借贷时间和利率，到期会支付原定的利息。

较高风险投资

较高风险投资可简称为风投，是一种投资风险比较高、收益也相对比较高的投资方式。常见的风险投资有以下几种类型。

股票投资。进市需要看准时机，如2015年上半年有个朋友做股票投资，投入了20万元，短短几个月，翻了好几番，赚得盆满钵满。当然有盈就有亏，也有人买进后行情就一跌再跌，套牢好几年，股票投资就是有一定的风险的。

外汇投资，是以外币交易为载体的一种投资。外汇交易的实质是买卖不同类型的货币，随着汇率波动去看行情走势，可以做多也可以做空。风险比较高，不建议没有经验的投资者投资。

贵金属投资，可分为投资实物和投资电子盘，以及银行的黄金白银。投资其实都是低价买进、高价卖出的过程，一买一卖之间赚取差价获取盈利。在经济状况不景气的时候，它也可以成为一种保值的投资手段。不过，这种理财产品风险也是比较高的。

现货投资，是一种新型的投资渠道，在政策大力发展虚拟经济的条件下，它应运而生。风险相对不高，收益比起期货也低一些。T+0交易，20%杠杆，可做多做空，可以频繁买进卖出，能够提高资金的利用率。

期货投资，这种投资以现货为基础出现的，散户需要在交易所开户交易，杠杆比现货更低，资金利用率也就更高，T+0交易，可以随时平仓。期货跟现货比，可以用来转移价格风险，进而进行投机获利。

这里要提醒一下，超出自己的能力做投资是最大的风险。

通过以上不同风险等级的各类投资的列举和分析后，就可以去建立投资组合了。

建立正确的投资组合是为了降低风险，提高投资收益，给钱安排性价比更高的岗位。不要将鸡蛋放在同一个篮子里，这样可以使投资多样化，降低风险；篮子不应放在同一个地方，有条件的还可以进行全球化投资，而不单单局限于国内。不要一次性把鸡蛋都放进去，讲的是要定期投资，不要一次性买断不管；不要只是在篮子里放鸡蛋，而是要让你的投资更加多元化，购买不同的金融产品。只有做到以上几点，才能让投资中的风险降到最低，将投资收益最大化。

每个人都有自己的投资经验和投资喜好，但是着眼于风险控制，很多投资组合都是大同小异，以规避风险为前提，以提高收益为目的。如何构建自己的投资组合呢，结合上述的投资四大要素，可以把投资分为五步。

第一步：确定投资目的。投资者的目的是尽可能地增加投资收益，同时降低投资风险。前面已经讲到，投资对象是投资者根据投资目的而选择的各类产品。确定投资目的是建立投资组合的第一步，因为它反映了投资者的风险承受能力。只有从自身具体情况出发，才能建立起更完善的投资组合。

第二步：分析理财产品。对根据自己投资目的而所选择的产品进行比较分析。只有对理财产品的优劣点深入了解了，才能更好地选择和搭配，知己知彼，百战百胜。

第三步：建立投资组合。就是确定具体的理财产品种类和分配好投资比例。在建立投资组合时，最需要考虑三个因素是理财产品的种类、理财的时机以及要丰富理财产品的类型。投资就跟饮食一样，要选择的食物营养价值高一点，配比多样化一点，同理，投资越多元化，越能创造最大的收益。

第四步：调整投资组合。这也是重新审视前三步的选择，经过一段时间以后，之前建立的投资组合可能不再是最佳组合。面对这种变化，投资者必须进行适当的调整，进而建立一个全新的投资组合结构。因为重新建立投资组合是需要调整成本的，在权衡利弊之后，根据调整前后的收益来作取舍。

第五步：评估投资组合。这是整个投资组合建立阶段的最后一步，被视为投资组合建立过程中的反馈和评判。由于投资者在获得利润时必须承担起相应的风险，想要获得更高的利润就要承担更高的风险。

投资是不能够复制的，每个人的投资组合也都不尽相同。每个人都必须结合自身的资金情况和风险承受力建立自己的投资组合，只有这样，才能让钱为自己创造出更多的被动收入。在日常工作和生活中，学习理财技巧，建立起适合自己的投资组合。当被动收入源源不断到来的时候，工资也就不再是唯一的经济来源。

附表9　被动收入目标与计划

<table>
<tr><td>资金组合</td><td colspan="4">可投资资金总共有，其结构安排如下：
储蓄________%；基金________%；保险________%；投资理财________%；
其他________%</td></tr>
<tr><td rowspan="6">投资组合</td><td>投资标的</td><td>投资金额</td><td>投资期限</td><td>期望回报</td></tr>
<tr><td>房产</td><td></td><td></td><td></td></tr>
<tr><td>基金</td><td></td><td></td><td></td></tr>
<tr><td>股票</td><td></td><td></td><td></td></tr>
<tr><td>保险</td><td></td><td></td><td></td></tr>
<tr><td></td><td></td><td></td><td></td></tr>
<tr><td rowspan="4">投资分析</td><td>投资标的</td><td colspan="3">投资理由/收益目标</td></tr>
<tr><td></td><td colspan="3"></td></tr>
<tr><td></td><td colspan="3"></td></tr>
<tr><td></td><td colspan="3"></td></tr>
<tr><td rowspan="5">行动计划</td><td>行动时限</td><td colspan="2">行动内容</td><td>自投/跟投</td></tr>
<tr><td></td><td colspan="2"></td><td></td></tr>
<tr><td></td><td colspan="2"></td><td></td></tr>
<tr><td></td><td colspan="2"></td><td></td></tr>
<tr><td></td><td colspan="2"></td><td></td></tr>
</table>